汉竹主编●亲亲乐读系列

怀孕每周吃什么

左小霞 编著

U0162336

扫一扫，看视频

江苏凤凰科学技术出版社
·南京·

目录

● 孕早期

孕中期

孕晚期

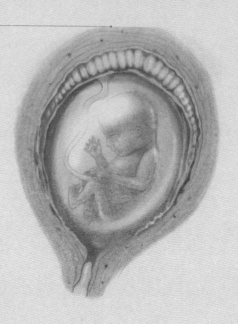

- 在精子和卵子相遇结合的那一刻，胎宝宝的性别就被决定了
- 胎宝宝的心脏跳动最早发生于受精后的第 22 天
- 孕 10 周，胎宝宝的所有器官基本上都已形成，部分器官已经开始工作

- 乳房有点硬，增大明显
- 乳头颜色变深且很敏感
- 乳晕颜色逐渐加深

- 子宫逐渐增大至拳头般大小
- 孕 3 月末，在下腹部、耻骨联合上缘处可以触摸到子宫底部

孕早期

孕早期是指孕妈妈末次月经后的第 1 周到第 12 周，在这期间，你的腹中发生着一场"变革"——小生命从无到有。从现在开始，你将经历生命中最大的变化——成为一个孩子的妈妈，也将完成人生中的一个重要过程——向完美女人转变。

1月	2月	3月
卵子 ↓ 受精卵	受精卵 ↓ 车厘子	车厘子 ↓ 李子
这个阶段的胎宝宝还是 1 颗受精卵，到月末，体重会达到 1 克，身长 1 厘米。	本月，胎宝宝会从芝麻大小的受精卵，长成 4 克车厘子大小的小人儿模样。	本月初，胎宝宝正式成为"胎儿"，到本月末，胎宝宝会长到 6 厘米左右，体重约 20 克，相当于 1 颗李子的大小。

最初4周 | 孕妈妈还未察觉怀孕，胎宝宝像颗小桑葚

> 严格意义上说，现在的你还只是一位准备期的孕妈妈，要以健康的身体和轻松愉悦的心情，等待宝贝的到来哦。

> 当精子和卵子"互相亲切"，成功地结合为受精卵，小生命开始了他的成长之旅。

注意事项

1 继续补充叶酸

很多孕妈妈已经知道，在准备怀孕的前3个月就应该补充叶酸。其实，在280天的孕期里，孕妈妈也需要摄入叶酸。叶酸是胎宝宝神经发育的关键营养素，而孕早期是胎宝宝中枢神经系统生长发育的关键期，如果在此关键期补充叶酸，可使胎宝宝患神经管畸形的危险性降低。

中国人的传统烹饪习惯容易破坏食物中的天然叶酸，食补效果因此大打折扣。服用叶酸增补剂比食补效果更好。

· 最好在医生的指导下，选择、服用叶酸增补剂。

· 孕前长期服用避孕药、抗惊厥药的孕妈妈，以及曾经生下过神经管缺陷宝宝的孕妈妈，应在医生指导下，适当调整每日的叶酸补充量。

· 长期服用叶酸增补剂会干扰体内的锌代谢，因此在补充叶酸的同时要注意补锌。

2 用食物排毒

孕妈妈现在要适当多喝一些果蔬汁，适量食用海藻类食物、豆芽和绿叶菜。果蔬汁所含的生物活性物质能阻断亚硝胺对人体的危害，有利于防病排毒；海带、紫菜等海藻类食物所含的胶质能促使体内放射性物质随大便排出；豆芽富含的维生素C有助于清除体内致畸物质；绿叶蔬菜富含的膳食纤维有助于排出毒素。

3 减少在外就餐

准爸爸和孕妈妈最好减少在外就餐的次数，尽量在家吃饭。一方面，外面餐馆卫生条件参差不齐，饮食健康难以保证；另一方面，餐馆饭菜为了增加鲜味与美味，往往添加过多烹饪调料，口味比较重，而在矿物质和维生素含量方面则往往不足。经常在外就餐，人体所需营养比例易失衡，而菜品中大量的增鲜剂也会降低精子、卵子质量，影响受孕。

4 吃饭速度不宜太快

食物未经充分咀嚼，进入胃肠道之后，与消化液的接触面积就会缩小。食物与消化液不能充分混合，会影响人体对食物的消化、吸收，使食物中的大量营养还未被人体所用就排出体外。久而久之，孕妈妈就得不到足够多的营养，造成营养不良，健康势必受到影响。此外，有些食物咀嚼不够，过于粗糙，还容易加大胃的消化负担或损伤消化管道。

5 不宜吃罐头食品

在罐头的生产过程中，会加入食品添加剂，如甜味剂、香精等，这些人工合成的化学物质会对胚胎组织造成一定的损伤，容易导致畸形。即便是美味可口的罐头，孕妈妈也要主动克制，尽量远离。另外，罐头食品在制作、运输、存放过程中，如果消毒不彻底或者密封不好，就会造成细菌污染。

6 不宜偏食肉类

在孕早期，孕妈妈最好以清淡、易消化的食物为主，不宜偏食肉类。人体摄取均衡营养是最适宜的，如果偏食肉类，就会使体内营养失衡，有可能导致胎宝宝发育迟缓。

推荐食材购买清单

肉类	鲫鱼、猪肉、鸡肉、牛肉、虾仁、鲈鱼、带鱼、鱿鱼、火腿等。
蔬菜	菠菜、莲藕、油菜、茼蒿、番茄、土豆、小白菜、芹菜、生菜、豆角、西蓝花、茄子、山药、空心菜、胡萝卜、香菇、青椒、南瓜、洋葱、彩椒、圆白菜、豌豆等。
水果	苹果、草莓、火龙果、橙子等。
其他	榛子、核桃、板栗、黄豆、燕麦、奶酪、牛奶、面粉、小米、肉松、鸡蛋、日本豆腐、北豆腐等。

一日三餐举例

早餐 火腿奶酪三明治

原料: 吐司2片,生菜叶1片,番茄1片,奶酪、火腿、番茄酱各适量。

做法: ❶生菜叶洗净;番茄洗净切片;火腿切片。❷在一片吐司上依次铺上生菜、番茄片、奶酪、火腿片,涂抹番茄酱,盖上另一片吐司,放入烤箱烘烤5分钟即可。

午餐 玉子虾仁

原料: 对虾7只,速冻豌豆7粒,日本豆腐2条,咖喱1块,盐、水淀粉各适量。

做法: ❶对虾去虾头,洗净剥壳去虾线;日本豆腐切成厚约2厘米的小块装盘。❷虾仁汆水,煮熟后捞出,将熟虾仁放在豆腐上,放上豌豆点缀。❸将盘子放入锅中,中火加盖隔水蒸3~5分钟。❹另取锅,倒入适量水和咖喱块,调入盐、水淀粉,熬煮至浓稠,舀一勺汤汁淋在虾仁上即可。

扫一扫 轻松学

晚餐 奶香香菇汤

原料: 泡发香菇250克,牛奶125毫升,洋葱半个,面粉、盐、黑胡椒粉、黄油各适量。

做法: ❶香菇洗净,沥干水,切片;洋葱洗净,切末。❷热锅放入黄油,待黄油融化后放入面粉翻炒1分钟,盛出备用。❸用锅中剩余黄油翻炒洋葱末、香菇片片刻,倒入牛奶、适量水及炒过的面粉,搅匀。❹调入盐、黑胡椒粉搅拌均匀即可。

早餐 胡萝卜小米粥

原料: 胡萝卜1根,小米30克。

做法: ❶胡萝卜洗净去皮,切成块;小米淘洗干净,备用。❷将胡萝卜块和小米一同放入锅内,加清水大火煮沸。❸转小火煮至胡萝卜软烂、小米开花即可。

午餐 土豆炖牛肉

原料: 牛后腱200克,土豆200克,胡萝卜、姜片、葱段、生抽、料酒、白糖、盐、植物油各适量。

做法: ❶牛后腱洗净,切块,入沸水汆烫去血水,捞出沥水;土豆、胡萝卜分别洗净,去皮,切块。❷油锅烧热,爆香姜片、葱段,加入牛肉块翻炒至变色,倒入生抽、料酒、白糖炒匀,加入土豆块、胡萝卜块,加水没过食材。❸大火煮开,转小火煮至土豆熟烂,最后大火收汁,加入盐调味即可。

晚餐 香煎豆腐

原料: 北豆腐1块,葱2根,盐、辣椒粉、植物油各少许。

做法: ❶北豆腐洗净,切块;葱洗净,切葱花。❷油锅烧热,放入北豆腐,用小火两面煎。❸煎至豆腐两面金黄色后均匀撒上盐、辣椒粉、葱花,翻炒均匀即可。

扫一扫 轻松学

孕5周 | 孕妈妈开始"害喜"，胎宝宝只有苹果籽那么大

胎宝宝在孕妈妈子宫里安营扎寨已有些时日，孕妈妈的早孕反应也来报到了。

在孕妈妈肚中的胎宝宝，现在还只是一个小胚胎，大约长 4 毫米，重量不到 1 克，只有苹果籽那么大。

注意事项

1 吃简单又营养的早餐

孕早期的妊娠反应让很多孕妈妈要么没胃口，要么想吃重口味的食物。刚起床时可能胃口不是太好，孕妈妈不必摄入过高的热量，补充水分很关键。最好喝 1 杯牛奶，吃一点清淡的粥等主食，再适当吃些蔬菜、水果，这样搭配既简单又营养。

2 吃苹果缓解孕吐

在孕早期，孕妈妈的妊娠反应比较严重，口味比较挑剔。这时候不妨吃个苹果，不仅可以生津止渴、健脾益胃，还可以有效缓解孕吐。研究证明，苹果还有缓解不良情绪的作用，对遭受孕吐折磨、心情糟糕的孕妈妈有安心静气的好处。孕妈妈吃苹果时要细嚼慢咽，或将其榨汁饮用，每天 1 个即可。

3 吃香蕉镇静安神

香蕉含有丰富的叶酸和维生素 B_6，叶酸、维生素 B_6 的储存可以保证胎宝宝神经管的正常发育。此外，香蕉中所含的维生素 B_6 对早孕反应还有一定的缓解作用。孕妈妈有空的时候，在家调一杯清鲜爽口的香蕉玉米汁，可改善心情、镇静安神。

4 躲开安检 X 射线

除了避免日常辐射外，安检系统也是孕妈妈要尽量远离的。安检系统是利用 X 射线穿过物体时成像的原理，影像再通过计算机处理，在电脑屏幕上显示出可以辨认的图像而评估物件的安全性。虽然目前医学上还没有安检对胎儿造成不良影响的案例，但孕妈妈最好"躲开"。

5 不宜劳累做家务

一直以来，做饭洗碗可能都是孕妈妈的事，这个时候你就可以理直气壮地坐在沙发上，看着准爸爸在厨房里手忙脚乱，享受一下"饭来张口"的滋味。厨房里的二氧化碳、电磁辐射，都会影响胎宝宝的正常发育，此外厨房里还有让孕妈妈闻了就想吐的油烟味。

一般浴室地面较滑，一不小心就容易滑倒，所以清理浴室这种危险的活还是让准爸爸做吧。此外，浴室内的沐浴露、洗发水或者肥皂沫，如果洒在地上，一定要及时清理。

整理衣橱、搬动重物、爬高或弯腰拿东西，这些也是孕妈妈不适合做的，容易磕碰到肚子，影响胎宝宝的发育。准爸爸在整理房间时，应将孕妈妈常用的物品放在合适的高度，既不用弯腰也不要踮脚，免得折腾孕妈妈和肚子里的小宝贝。

6 不宜让孕吐影响正常饮食

在这个星期，你会像大多数孕妈妈一样，有恶心的感觉。为了胎宝宝的健康发育和成长，不应让孕吐影响你的正常饮食。烹调食物的过程中，在注重营养的同时，可以通过菜品的丰富多样、烹调的花样翻新、改变就餐环境等来引起食欲。如果孕吐比较剧烈，那么主食摄入量不宜超过150克，可以考虑在医生的指导下静脉补充葡萄糖，以免影响胎宝宝的发育。

推荐食材购买清单

肉类	羊肉、牛肉、鸡肉、鱿鱼、猪肉、虾仁、鳜鱼、带鱼、鳝鱼等。
蔬菜	胡萝卜、山药、茄子、菠菜、油菜、茼蒿、南瓜、土豆、黄豆芽、香菇、黄瓜、白菜、韭黄、豌豆等。
水果	柠檬、草莓、香蕉、苹果、橙子等。
其他	海带、鸡蛋、豆腐、松子、葵花子、榛子、燕麦片、牛奶等。

一日三餐举例

早餐 山药牛奶燕麦粥

原料： 牛奶 500 毫升，燕麦片、山药各 50 克，白糖适量。

做法： ❶山药洗净，去皮切块。❷将牛奶倒入锅中，放入山药块、燕麦片，小火煮，边煮边搅拌，煮至燕麦片、山药熟烂，加白糖即可。

午餐 香菇豆腐塔

原料： 豆腐 50 克，香菇 3 朵，盐适量。

做法： ❶豆腐洗净，切成四方小块，中心挖空备用。❷香菇洗净，剁碎，加入适量盐拌匀成馅料。❸将馅料填入豆腐中心，摆盘蒸熟即可。

晚餐 珊瑚白菜

原料： 白菜半棵，香菇 4 朵，胡萝卜半根，盐、姜丝、葱丝、白糖、醋、植物油各适量。

做法： ❶白菜洗净，顺丝切成细条，用盐腌透沥干水；香菇泡发，洗净，切丝；胡萝卜洗净，切丝，用盐腌后沥干水。❷锅中倒油烧热，放入姜丝、葱丝煸香，再放入香菇丝、胡萝卜丝、白菜条煸熟，放入盐、白糖、醋调味即可。

早餐 南瓜调味饭

原料: 南瓜、米饭各 100 克,盐、植物油各适量。

做法: ❶南瓜洗净,切丁。❷油锅烧热,放入南瓜丁煎制,直至南瓜呈金黄色,加少许水、盐,加热至南瓜变软,出锅。❸米饭加入煮熟的南瓜搅拌即可。

午餐 炒鳝丝

原料: 鳝鱼 200 克,韭黄 60 克,料酒、豆酱、葱花、姜片、酱油、醋、盐、植物油各适量。

做法: ❶鳝鱼处理干净,洗净,切丝;韭黄洗净,切段。❷油锅烧热,倒入鳝鱼丝翻炒至起皱,倒入料酒、豆酱翻炒出香味,加入葱花、姜片、韭黄段,调入酱油、醋、盐炒匀即可。

晚餐 肉丝银芽汤

原料: 黄豆芽 100 克,猪肉 50 克,粉丝 15 克,盐、植物油各适量。

做法: ❶猪肉洗净,切丝;黄豆芽择洗干净;粉丝泡软。❷油锅烧热,将黄豆芽、肉丝一起入油锅翻炒至肉丝变色,加入粉丝、清水、盐,煮 10 分钟即可。

孕6周 | 孕妈妈感到慵懒，胎宝宝有了心跳

怀孕初期，孕妈妈总会觉得疲劳，不必担心，只要稳定情绪，放松身心，充分休息，就能顺利度过这段时期。

本周，胚胎的长度约为6毫米，像一颗小松子仁，正在孕妈妈子宫里迅速成长，心脏已经开始有规律地跳动。

注意事项

1 找适当的时机向领导说明

怀孕之后，孕妈妈想在工作上保持以往的水准，有时会心有余而力不足。此时最好向领导表明自己的现况，让领导根据单位的情况将你暂时调任到其他轻松的岗位；或者采用灵活的工作时间，当身体不太舒服的时候，可以早点回家休息。

把怀孕的事告诉领导需要技巧，最佳的时机是在一项工作圆满完成后，提前跟领导约个日子。因为这样做本身就传达了一个很有说服力的信息："我虽然怀孕了，但是工作表现丝毫没有受到影响。"

2 吃点维生素E

许多孕妈妈在孕前做到了"有备而孕"，在保胎这件事上，也不可大意，可以选择服用天然维生素E来为怀孕保驾护航。因为维生素E能够增加体内黄体细胞数量，提高孕激素水平，改善黄体功能。而且服用维生素E是孕妈妈在家就能够做的事，轻松又方便。除此之外，天然维生素E有类似孕激素的功能，能够减少胚胎停育和流产的风险，具有保胎作用。所以，建议孕妈妈在怀孕后，每天服用2粒100毫克的维生素E。

3 要常吃核桃

核桃富含不饱和脂肪酸、蛋白质、膳食纤维、维生素、钙、铁等，对胎宝宝的大脑、视网膜、皮肤和肾功能的健全发育都有十分重要的作用。因此，孕妈妈在孕早期可以适量吃些核桃，用它当零食或煮粥都是不错的选择。

4 不宜急着公布喜讯

按捺不住狂喜,想把怀孕的喜讯向全世界公布? 先别急,孕妈妈最先告诉的应该是准爸爸,朋友、同事、七大姑八大姨还是暂缓通知吧。前3个月还属于不稳定期,可以等一切怀孕状况都稳定了再公布喜讯。不过,如果孕妈妈还在上班,那么很有必要让领导尽早知道这件事情,这样领导和同事会适当减少和分担你的工作量。

5 不宜盲目保胎

怀孕是一个正常的生理过程,并不是病态的,因此生活和工作基本可以照常进行。一般来讲,除了胎膜早破、宫颈功能不全、胎盘前置、阴道出血等几种必须卧床保胎的情况之外,多数的先兆流产也只是要求以休息为主,可以在家里适当走动,或者在小区里散散步。如果工作较为轻松,即便发生了轻度的先兆流产迹象,孕妈妈也可以等急性期平稳度过后,继续上班。这样也可以适度转移注意力,有利于保胎。

需要特别提醒孕妈妈的是,如果没有任何先兆流产症状,千万不可盲目服用保胎药。孕妈妈若过分担心腹中胎宝宝,会让自己整天处于紧张和不安中,不利于安胎养胎。

推荐食材购买清单

肉类	鸡肉、猪肉、牛肉、羊肉、虾仁、鲈鱼、鱿鱼、带鱼、多宝鱼等。
蔬菜	茄子、番茄、芦笋、菠菜、莲藕、山药、芹菜、黄瓜、胡萝卜、土豆、圆白菜、香菇、西蓝花、豆角、大葱等。
水果	香蕉、草莓、猕猴桃、橙子、鳄梨等。
其他	海带、玉米粒、鸡蛋、红豆、绿豆、黑豆、豆腐、吐司、奶酪、面粉、粳米等。

一日三餐举例

早餐 牛油果三明治

原料: 吐司 2 片,奶酪 1 片,牛油果 1 个,柠檬汁、橄榄油各适量。

做法: ❶牛油果去皮,对半切开,去核,切丁,与柠檬汁、橄榄油打成泥状,制成牛油果酱。❷将牛油果酱与奶酪夹在 2 片吐司间。❸放入烤箱烤制 5 分钟,至吐司两面呈金黄色即可。

午餐 孜然羊排

原料: 羊排 250 克,葱花、姜片、蒜片、花椒、孜然、白芝麻、盐、植物油各适量。

做法: ❶羊排洗净,切块,凉水入锅,大火烧开去味,捞出沥干。❷清水锅,加葱花、姜片、蒜片、花椒、羊排,炖煮至羊肉软烂,捞出沥干。❸油锅烧热,爆香葱花、姜片、蒜片,放入羊排,翻炒至表面微焦,撒孜然、白芝麻、盐,炒出香味即可。

晚餐 鸡蛋玉米羹

原料: 鸡肉 50 克,玉米粒 50 克,鸡蛋 1 个,盐适量。

做法: ❶鸡肉洗净,切丁;鸡蛋打成蛋液。❷把玉米粒、鸡肉丁放入锅内,加上清水大火煮开,撇去浮沫即可。❸将鸡蛋液沿着锅边倒入,一边倒入一边进行搅动;煮熟后加盐调味即可。

早餐 家常鸡蛋饼

原料: 鸡蛋 2 个,面粉 50 克,高汤、葱花、盐、植物油各适量。

做法: ❶鸡蛋打散,倒入面粉,加适量高汤、葱花以及盐调匀成面糊。❷平底锅中倒油烧热,慢慢倒入面糊,摊成饼,小火慢煎;待一面煎熟,翻过来再煎另一面至熟即可。

午餐 豆角焖米饭

原料: 粳米、豆角各 100 克,盐、植物油各适量。

做法: ❶豆角择洗干净,切丁;粳米洗净。❷油锅烧热,下豆角丁略炒一下。❸将豆角丁、粳米放在电饭锅里,加水焖熟,根据自己的口味适当加盐即可。

晚餐 胡萝卜炖牛肉

原料: 胡萝卜 150 克,牛肉 100 克,姜末、干淀粉、酱油、料酒、盐、植物油各适量。

做法: ❶牛肉洗净,切块,用姜末、干淀粉、酱油、料酒调味,腌制 10 分钟;胡萝卜洗净,去皮切块。❷油锅烧热,放入腌好的牛肉翻炒,加适量水,大火烧沸,转中火炖至六成熟。❸加入胡萝卜,炖煮至熟,加盐调味即可。

孕7周 | 孕妈妈常常感到饥饿，胎宝宝像橄榄

孕妈妈的体能消耗逐渐增大，可能会经常感觉到饥饿。为此，孕妈妈要常备一些零食，感到饿的时候就吃一点。

胎宝宝约有12毫米长，像一枚橄榄。小家伙的手指开始发育，并快速长成"小桨"，可以凭四肢在羊水中活动了。

注意事项

1 吃黄花菜滋补气血

黄花菜的营养成分对人体有益，特别是对胎宝宝的发育极为有益，具有较佳的健脑抗衰功能，有"健脑菜"之称，因此可作为孕妈妈的保健食品。黄花菜与猪肉同煮，具有滋补气血的作用，还可辅助治疗食欲欠佳、体虚乏力等症状。但鲜黄花菜含有可致毒的秋水仙碱，孕妈妈最好不吃新鲜的黄花菜，吃干品安全。

2 健康从全麦早餐开始

全麦制品包括全麦面包、全麦饼干、麦片粥等。麦片不要买添加香精或精加工过的，要买天然的、没有任何糖类或其他添加成分的麦片。孕妈妈早餐吃几片全麦面包加1杯牛奶，配上一点蔬菜或水果，加餐的时候吃几块全麦饼干，既可以使孕妈妈保持较充沛的精力，还能降低体内胆固醇的水平。

3 吃香菇增强抵抗力

香菇是一种高蛋白、低脂肪的健康食品，它富含18种氨基酸，可显著提高机体免疫力，还有补肝肾、健脾胃、益智安神、美容养颜之功效。香菇中还含有30多种酶，有抑制血液中胆固醇升高和降低血压的作用。孕妈妈经常食用能强身健体、增加对疾病的抵抗能力、促进胎宝宝的发育。

4 远离噪声

一般来说，85分贝以上（重型卡车音响是90分贝）的强噪声就会对胎宝宝的听觉神经造成很大的伤害了。所以，孕妈妈平时应尽量少去商场、饭店、菜市场、KTV等人声嘈杂的地方，看电视也要尽量将声音调小，为胎宝宝创造一个安静、祥和的成长环境。

5 不宜熬夜追剧

许多孕妈妈喜欢追剧，漂亮帅气的主角，更是孕妈妈们狂迷的对象。在孕早期，体内雌激素分泌变化会造成孕妈妈容易疲惫、犯困。即使睡眠充足也都难免会有这样的感觉，若休息不足更会影响孕妈妈和胎宝宝的健康。所以，孕妈妈应保持有规律的睡眠习惯，即便电视剧再好看，也不要熬夜。

6 不宜只吃素食

孕妈妈妊娠反应比较大时，可能会出现厌食的情况，不想吃荤腥油腻的食物，而只吃素，这种做法可以理解；但是孕期长期吃素，就会对胎宝宝形成不利影响了。母体摄入营养不足，势必造成胎宝宝的营养不良，胎宝宝如果缺乏营养，比如缺乏动物蛋白、铁、锌等，会造成脑组织发育不良，出生后智力低下。

7 不宜多吃桂圆

桂圆虽然富含葡萄糖、维生素，有补心安神、养血益脾的功效，但桂圆性温大热，阴虚内热体质和患热性病的人都不宜多吃。孕妈妈阴血偏虚，容易滋生内热，常常会有口干、肝经郁热、便秘等症状，所以不宜多吃桂圆。

推荐食材购买清单

肉类	猪肉、排骨、鸡肉、牛肉、鸭血、虾仁、鲫鱼等。
蔬菜	南瓜、白菜、青菜、土豆、西葫芦、莲藕、芸豆、豆角、绿豆芽、平菇、口蘑、西蓝花、空心菜、香菇、茄子、荸荠、甜椒、胡萝卜、蒜苗、洋葱等。
水果	苹果、柠檬、菠萝、猕猴桃、草莓等。
其他	北豆腐、燕麦、豆腐干、腐竹、咸鸭蛋、板栗、花生、鸡蛋、牛奶等。

一日三餐举例

早餐 咸蛋黄烩饭

原料: 米饭 100 克,咸蛋黄半个,胡萝卜、香菇、蒜苗、葱花、盐、植物油各适量。

做法: ❶米饭打散;咸蛋黄压成泥;胡萝卜洗净,切丁;香菇洗净,切丁;蒜苗洗净,去根切丁。❷油锅烧热,爆香葱花,放入咸蛋黄翻炒出香味,加入胡萝卜丁、香菇丁、蒜苗丁翻炒均匀,加入米饭炒至饭粒松散,加盐调味即可。

午餐 宫保豆腐

原料: 北豆腐 250 克,花生、花椒、姜末、葱花、豆酱、酱油、料酒、白糖、醋、香油、盐、水淀粉、植物油各适量。

做法: ❶北豆腐洗净,切丁;酱油、料酒、白糖、醋、香油、盐调汁。❷油锅烧热,放入北豆腐丁,炸至表面金黄,捞出备用;花生过油炒熟。❸油锅烧热,爆香花椒、姜末、葱花、豆酱,倒入调好的料汁,加入豆腐、花生,翻炒均匀,再加入水淀粉勾芡,收汤即可。

晚餐 豆角炖排骨

原料: 排骨 400 克,豆角 250 克,盐、姜片、蒜末、生抽、蚝油、白糖、植物油各适量。

做法: ❶将排骨洗净,切小段;豆角洗净切段。❷油锅烧热,爆香姜片、蒜末,倒入排骨,加入生抽、蚝油和白糖,翻炒至排骨变色,加水,用大火烧沸。❸调小火,倒入豆角,炖煮至排骨熟透,加盐即可。

早餐 土豆蛋饼

原料： 土豆2个，鸡蛋3个，洋葱半个，黑胡椒粉、盐、植物油各适量。

做法： ❶土豆洗净，放入锅中蒸熟，捞出晾凉，去皮切丁，撒黑胡椒粉和盐调味；鸡蛋打散，加盐调味；洋葱洗净，切碎。❷油锅烧热，炒香洋葱碎，缓缓倒入蛋液，加入土豆丁。❸中火加热至蛋液凝固后调小火，将蛋饼煎至金黄色即可。

午餐 南瓜蒸肉

原料： 小南瓜1个，猪肉100克，酱油、甜面酱、白糖、葱末各适量。

做法： ❶南瓜洗净，在瓜蒂处开一个小盖子，挖出瓜瓤。❷猪肉洗净切片，加酱油、甜面酱、白糖、葱末拌匀，装入南瓜中，盖上盖子，蒸2小时取出即可。

晚餐 板栗扒白菜

原料： 白菜300克，板栗100克，葱花、姜末、水淀粉、盐、植物油各适量。

做法： ❶板栗洗净，入沸水煮熟后剥壳去皮。❷白菜洗净，切片，下油锅煸炒后盛出。❸另起油锅烧热，放入葱花、姜末炒香，放入白菜与板栗翻炒，加适量水，炒熟后用水淀粉勾芡，加盐调味即可。

孕8周 | 孕妈妈子宫变大，胎宝宝初具人形

孕妈妈腹部看上去仍很平坦，但子宫却在不断增大。此时，腹部可能有些痉挛、疼痛，这些都是正常反应，不要紧张。

胎宝宝约20毫米长了，看上去像颗葡萄。小家伙的心脏和大脑已经发育得非常复杂，眼睑开始出现褶痕。

注意事项

1 吃些抗辐射食物

在工作和生活中，电脑、电视、空调等各种电器都能产生电磁辐射。孕妈妈应多食用一些富含优质蛋白质、磷脂、B族维生素的食物，例如豆类及豆制品、鱼、虾、粗粮等。

此外，一些蔬果和谷物也具有防护效果：红色蔬果有番茄、红葡萄柚等；绿色蔬果有油菜、芥菜、茼蒿、菠菜等；还有白色食物如白萝卜、山药、大蒜等；黑色食物如芝麻、黑豆等。

2 吃猕猴桃补叶酸

猕猴桃口味酸甜，质地香软又易于消化，且含有高达8%的叶酸，有"天然叶酸大户"之称。孕妈妈每周吃3~4次，每次1个，就可有效补充叶酸。

此外，猕猴桃富含维生素C，可提高孕妈妈免疫力。孕妈妈在加餐时吃1个猕猴桃、喝1杯酸奶，可促进肠道健康，缓解便秘症状。

3 做好防滑措施

孕早期是自然流产的相对高发期。孕妈妈除了注意调整饮食习惯和生活习惯外，还要注意一些生活中的小细节，磕磕碰碰以及突然的摔倒都是可能引起流产的原因。

所以孕妈妈除了在生活中动作放轻放缓外，还要做好防滑措施，在家中容易滑倒的场所，如浴室、厨房等门口放上吸水防滑的垫子。此外，尽量避免自己拖地，家人拖完地，孕妈妈要等地面变干后，才可以在房间走动。

4 缺铁性贫血不宜多喝牛奶

牛奶可以提供钙、蛋白质等，是备受欢迎的孕期饮品；但是，多喝牛奶并不适合所有孕妈妈，比如有缺铁性贫血的孕妈妈。由于食物中的铁要在消化道中转化成亚铁才能被吸收利用，若多喝牛奶，体内的亚铁就与牛奶的钙盐、磷酸盐结合成不溶性化合物，会影响铁的吸收利用。

5 不宜用水果代替正餐

很多孕妈妈因孕吐吃不下东西，想用水果代替正餐。虽然大部分水果的确含有丰富的维生素、矿物质和膳食纤维，可补足正餐无法提供的营养，但水果的热量也不低，有的还含有很多糖。进食大量水果，不仅会导致体重增长过快，还会引发妊娠期糖尿病等一系列问题。此外，水果所含的蛋白质、脂肪远不能满足子宫、胎盘和乳房发育的需要，大量吃水果，易导致饮食不均衡或营养过剩。

6 不宜太"宅"

随着妊娠反应越来越大，孕妈妈躺在沙发和床上的时间也越来越多。虽然孕妈妈在怀孕早期会经常感到疲乏，需要更多的睡眠，可还是要出去走走。饭后散步半小时是最好的孕期运动，可以帮助孕妈妈消除紧张和不安的情绪，有助睡眠，还可以加强大肠蠕动，减少便秘发生的概率。再者，怀孕期间坚持散步还有利于产后形体恢复。

吃完饭后，消化器官需要大量的血液供应，进行紧张的工作。如果饭后马上去散步，会造成消化系统缺血，导致消化不良，所以饭后应休息 20 分钟左右再散步。

推荐食材购买清单

肉类	猪肉、排骨、鸡肉、牛肉、鸭血、虾仁、鲫鱼、鸡翅等。
蔬菜	南瓜、白菜、青菜、土豆、西葫芦、莲藕、芸豆、豆角、绿豆芽、平菇、口蘑、西蓝花、圆白菜、空心菜、香菇、茄子、荸荠、甜椒、胡萝卜、番茄、山药、红椒、青椒、芋头、毛豆等。
水果	苹果、柠檬、菠萝、猕猴桃、草莓等。
其他	北豆腐、燕麦、豆腐干、腐竹、咸鸭蛋、板栗、黑豆、花生、紫米、鸡蛋、玉米粒、粳米、椰浆、豆浆、海带等。

一日三餐举例

花生紫米粥

原料： 紫米50克，花生25克，冰糖适量。

做法： ❶紫米洗净，放入锅中，加适量水煮30分钟。❷放入花生、冰糖，煮至熟烂即可。

午餐 时蔬拌蛋丝

原料： 鸡蛋2个，香菇6朵，胡萝卜、干淀粉、料酒、醋、生抽、白糖、盐、香油、植物油各适量。

做法： ❶香菇洗净，切丝，焯熟；胡萝卜洗净，去皮，切丝，入油锅煸炒；盐、醋、生抽、白糖、香油调成料汁；干淀粉入料酒调匀；鸡蛋加盐打散，倒入料酒淀粉汁。❷油锅烧热，倒入蛋液，摊成饼，盛出，切丝。❸鸡蛋丝、胡萝卜丝、香菇丝码盘，淋上料汁拌匀即可。

晚餐 番茄炒山药

原料： 番茄100克，山药150克，葱花、姜末、植物油、盐各适量。

做法： ❶番茄、山药分别洗净，去皮切片。❷油锅小火加热，加入葱花、姜末煸出香味，放入番茄片、山药片，翻炒熟后加盐调味即可。

早餐 玉米胡萝卜粥

原料： 粳米 30 克，玉米粒、胡萝卜各 50 克。

做法： ❶胡萝卜洗净，切丁。❷粳米洗净后浸泡
30 分钟。❸将粳米、胡萝卜丁、玉米粒一同放
入锅内，加清水煮至粳米熟透即可。

午餐 椰浆土豆炖鸡翅

原料： 鸡翅、土豆各 200 克，椰浆 50 毫升，红椒、
青椒、盐、白糖、植物油各适量。

做法： ❶将鸡翅切成小块；土豆去皮切成小
块。❷油锅烧热，放入鸡翅用小火煎至金黄，
捞出；放入土豆，煎至变色。❸倒入鸡翅块，
加清水、盐和白糖，大火烧开，再放入青椒、红椒，
改小火炖 5 分钟，出锅时倒入椰浆即可。

晚餐 毛豆烧芋头

原料： 芋头 200 克，毛豆 50 克，盐、植物油各
适量。

做法： ❶芋头去皮，切块。❷油锅烧热，下芋头
翻炒均匀后加水和毛豆焖煮，直至芋头熟透。
❸加盐调味即可。

孕9周 | 孕妈妈乳房增大，胎宝宝告别胚胎时代

孕妈妈的乳房逐渐增大，乳头颜色逐渐加深，你会感觉以前的内衣有点小了，这时候要换大一点的内衣了。

胎宝宝头部和躯体已经摆脱了先前的弯曲状态，开始伸直身体，不断地变换着姿势，成为真正意义上的胎儿了。

注意事项

1 每天60克粗粮

粗粮主要包括谷类中的玉米、紫米、高粱、燕麦、荞麦，以及豆类中的芸豆、豌豆、红豆、绿豆等。由于加工简单，粗粮中保存了许多细粮中没有的营养，其含有比细粮更多的蛋白质、脂肪、维生素、矿物质及膳食纤维，对孕妈妈和胎宝宝来说非常有益。孕妈妈每天粗粮的摄入量以60克为宜，最好粗细搭配，比例以60%细粮、40%粗粮为宜。

2 少量多次吃猪肝

猪肝富含铁和维生素A，可以调节和改善造血系统的生理机能，是很好的补血食品。为使猪肝中的铁更好地被吸收，建议孕妈妈坚持少量多次的原则，每周吃1~2次，每次吃3~4小块，50~75克。因为大部分营养素摄入量越大，吸收率却越低。

3 预防"空调病"

也许胎宝宝到来的时候，不是春暖花开，也不是秋高气爽，孕妈妈也就有更多的借口贪恋空调了。可是，长期在空调环境里容易出现头痛、关节疼痛和血液循环方面的问题，而且特别容易感冒。孕妈妈担负着两个人的健康，即使在空调房待着，也一定要注意避免过凉导致感冒。空调的温度定在24~28℃，室内感觉微凉就可以了。此外，孕妈妈不妨定时关上空调，开开窗，通通风；或者在微风正好、阳光不强的时候，出去溜达溜达。

4 避开上班路上的"雷区"

母亲的天性使孕妈妈有意无意地保护着自己的肚子，虽然已经知道少到人多嘈杂的地方去，但是上班或者出行总是难以避免。怀孕后，尽量不要自己开车或骑自行车上下班，走路上班的孕妈妈每次步行时间也不宜超过30分钟，且速度不能过快。

5 每天 1 个鸡蛋即可

在怀孕期间，每个孕妈妈都会通过吃鸡蛋来补充营养。但如果孕妈妈吃鸡蛋过量，摄入蛋白质过多，容易引起腹胀、食欲减退、消化不良等症状，还可导致胆固醇增高，加重肾脏负担，不利于孕期保健。所以，孕妈妈每天吃 1 个鸡蛋即可，最多不超过 2 个。

6 不可盲目补充铁剂

孕妈妈是否服用铁剂应视具体情况而定。一般食物中的含铁量不算高，且吸收率也不高。一些孕妈妈从食物中摄入的铁有可能达不到每日的推荐量，比如有些孕妈妈根本就不吃动物肝脏和血。因为铁剂对胃的刺激较大，一些孕妈妈不能耐受，所以应根据血色素的高低在医生指导下选用铁剂。

7 不宜喝长时间煮的骨头汤

动物骨骼中所含的钙质，即使是很高的温度也不易析出，过久烹煮反而会破坏骨头中的蛋白质。另外，骨头上总会带点肉，熬的时间长了，肉中脂肪析出，会增加汤的脂肪含量。因此，熬骨头汤的时间过长，并没有什么益处。

推荐食材购买清单

肉类	黄花鱼、牛肉、猪肉、鸡肉、带鱼、虾仁、猪肝、鲈鱼、蛏子等。
蔬菜	菠菜、茄子、白菜、番茄、黄豆芽、黄瓜、芹菜、香椿苗、西蓝花、丝瓜、甜椒、青菜、西葫芦、白萝卜、空心菜、山药、香菇、胡萝卜、杏鲍菇等。
水果	香蕉、苹果、火龙果、橘子、草莓等。
其他	鸡蛋、开心果、豌豆、红枣、榛子、北豆腐、银耳、核桃、荞麦、面条、豆腐、海带、粳米等。

一日三餐举例

早餐 什锦面

原料： 面条 100 克，香菇、胡萝卜、豆腐、海带各 20 克，香油、盐各适量。

做法： ❶香菇、胡萝卜、海带洗净切丝；豆腐洗净，切条。❷面条放入水中煮熟，放入香菇丝、胡萝卜丝、豆腐条和海带丝稍煮，出锅前加盐调味，淋香油即可。

午餐 山药虾仁

原料： 山药 200 克，虾仁 100 克，胡萝卜 50 克，鸡蛋清 1 个，盐、胡椒粉、干淀粉、醋、料酒、植物油各适量。

做法： ❶山药去皮，洗净，切片，放入沸水中焯烫；虾仁洗净，去虾线，用鸡蛋清、盐、胡椒粉、干淀粉腌制片刻；胡萝卜洗净，切片。❷油锅烧热，下虾仁炒至变色，捞出备用；放入山药片、胡萝卜片同炒至熟，加醋、料酒、盐，翻炒均匀，再放入虾仁翻炒均匀即可。

晚餐 蒜蓉空心菜

原料： 空心菜 250 克，蒜末、盐、香油各适量。

做法： ❶空心菜洗净，切段，放入水中煮至断生，捞出沥干。❷用少量温开水调匀蒜末、盐后，浇入香油，调成味汁。❸将味汁和空心菜拌匀即可。

早餐 香菇荞麦粥

原料: 粳米50克,荞麦20克,香菇2朵。

做法: ❶香菇洗净,切成细丝。❷粳米和荞麦淘洗干净,放入锅中,加适量水,开大火煮。❸沸腾后放入香菇丝,转小火,慢慢熬制成粥。

午餐 酸味豆腐炖肉

原料: 五花肉100克,北豆腐300克,蛏子200克,酸菜50克,姜片、葱花、盐、白糖、植物油各适量。

做法: ❶五花肉洗净,切片;北豆腐洗净,切条;蛏子洗净,沸水焯烫,沥干备用。❷油锅烧热,北豆腐条两面煎,备用。❸另起油锅,爆香姜片、葱花,加入五花肉片翻炒出香味,加入水、盐、白糖,炖煮15分钟,加入酸菜、北豆腐条、蛏子,略炖煮即可。

晚餐 美味杏鲍菇

原料: 杏鲍菇2根,蒜片、生抽、白糖、黑胡椒粉、盐、植物油各适量。

做法: ❶杏鲍菇洗净,切条。❷油锅烧热,爆香蒜片,加入杏鲍菇条翻炒片刻,加入生抽、白糖、黑胡椒粉继续翻炒至入味,加盐调味即可。

孕**10**周 | 孕妈妈情绪起伏大，胎宝宝像个豌豆荚

受激素影响，孕妈妈的情绪波动会很大，不用担心，每个孕妈妈都会经历这个过程，但它不会一直跟随你。

胎宝宝现在就像一个豌豆荚，长约 40 毫米，重约 5 克。现在胎宝宝所有器官都已经初具规模，但还没有发育成熟。

注意事项

1 吃些健脑益智的食物

此时进入了胎宝宝的"脑迅速增长期"，即胎宝宝脑细胞迅速增殖的第一阶段（孕 3~6 月）。胎宝宝的脑重量会不断增加，脑细胞体积不断增大，孕妈妈要特别注意从饮食中摄取一些促进脑细胞发育的营养成分，适当吃些核桃、鱼类、蛋类、菌类等。

2 交替食用植物油

科学吃油是孕妈妈需要掌握的一种饮食观念。孕妈妈在平时吃油时应交替使用几种植物油，或是隔一段时间就换不同种类的植物油，这样才能使孕妈妈体内所吸收的脂肪酸种类丰富、营养均衡，避免单一。

3 留意口中的怪味

孕期，一些孕妈妈可能会感觉到自己的口中出现怪味，除了吃辛辣、过于生冷或不够新鲜的食物会造成孕妈妈口气不清新外，很多疾病也会引发味觉改变或口臭。如上呼吸道、喉咙、鼻孔、支气管、肺部发生感染的时候都会有此现象，而患糖尿病、肝或肾有问题的孕妈妈，也会有口气改变的问题。因此，孕妈妈若有特殊疾病史，或发生口气及味觉显著改变，应及时就医，由医生做鉴别诊断。

4 坦然面对嗜睡、忘事

怀孕之后，孕妈妈易疲倦、嗜睡，此时没必要硬撑，想睡就睡吧。孕妈妈可以选择在状态好的时间段把当天比较重要的工作完成，并把这个情况告诉领导及同事，获得他们的体谅。这种劳逸结合的工作方式，对胎宝宝和孕妈妈都有好处。

也许孕妈妈还会发现自己记忆力不如从前，请放轻松，这也是孕期的表现之一。孕妈妈可以利用小笔记本做备忘，或者关照同事提醒自己。

5 不宜吃方便面

人体的正常生命活动需要七大营养素，即蛋白质、脂肪、碳水化合物、矿物质、维生素、膳食纤维和水。缺乏任何一种营养素，时间长了就会患病。方便面的主要成分是碳水化合物和脂肪，汤料只含有少量味精、盐分等。即使是各种鸡汁、牛肉汁、虾汁等方便面，其中肉汁成分的含量也非常少，远远满足不了人体每天所需要的营养量。常吃方便面会造成孕妈妈营养不良，进而引起胎宝宝发育不良、体重不足等。

6 不宜多喝孕妇奶粉

孕妇奶粉是在牛奶的基础上，进一步添加孕期所需要的营养素制成的。所含叶酸、铁、钙、DHA等，可以满足孕妈妈营养需要。孕早期反应比较厉害、体重增长较慢、贫血以及出现缺钙症状，孕中期胎宝宝体重偏轻的孕妈妈需要喝孕妇奶粉。

喝孕妇奶粉要控制量，每天不能超过2杯，更不能把孕妇奶粉当水喝，也不能既喝孕妇奶粉，又喝其他牛奶、酸奶，或者吃大量奶酪等奶制品，这样会增加肾脏负担，影响肾功能。

此外，饮食均衡，体重等各项指标都在正常值范围内，或者是已经超标的孕妈妈，不需要喝孕妇奶粉，否则可能造成胎宝宝营养过剩，出现巨大儿。

推荐食材购买清单

肉类	鲈鱼、羊肉、牛肉、虾仁、猪肉、鸡肉、鱿鱼、海米、对虾、鱼丸等。
蔬菜	山药、菠菜、番茄、茄子、丝瓜、西蓝花、白菜、莲藕、空心菜、黄瓜、四季豆、橄榄菜、雪菜、香菇、荸荠、土豆、红椒、圆白菜、洋葱等。
水果	苹果、香蕉、橙子、草莓、柠檬、火龙果等。
其他	豆腐、开心果、核桃、玉米粒、腰果、鸡蛋、糯米、粳米、红豆、黑芝麻、海带丝、面粉、乌冬面、奶酪、咖喱块等。

一日三餐举例

早餐 黑芝麻饭团

原料： 糯米、粳米各 30 克，红豆 50 克，黑芝麻、白糖各适量。

做法： ❶黑芝麻炒熟；糯米、粳米洗净，放入电饭煲中加水煮熟。❷红豆浸泡后，放入锅中煮熟烂，捞出，加白糖捣成泥。❸盛出米饭，包入适量红豆泥，双手捏紧成饭团状，再滚上一层黑芝麻即可。

午餐 番茄鸡片

原料： 鸡肉 100 克，荸荠 30 克，番茄 1 个，盐、水淀粉、白糖、植物油各适量。

做法： ❶鸡肉洗净，切片，放入碗中，加入盐、水淀粉腌制。❷荸荠洗净，去皮切片；番茄洗净，切块。❸油锅中放入鸡片，炒至变白成形，放入荸荠片、番茄块、盐、白糖，加清水，烧开后用水淀粉勾芡即可。

晚餐 海米海带丝

原料： 海带丝 100 克，海米 20 克，红椒、土豆、姜片、盐、香油、植物油各适量。

做法： ❶红椒、土豆洗净，切丝；姜片洗净，切细丝。❷油锅烧热，将红椒丝以微火略煎一下，盛起。❸锅中加清水烧沸，将海带丝、土豆丝煮熟软，捞出装盘，待凉后将姜丝、海米及红椒丝撒入，加盐、香油拌匀即可。

早餐 台式蛋饼

原料： 鸡蛋 1 个，圆白菜、面粉各 80 克，葱花、盐、植物油各适量。

做法： ❶面粉加盐和水混合成面糊；鸡蛋打散，加入葱花和盐搅匀；圆白菜汆烫断生，沥干切丝。❷油锅烧热，倒入面糊摊成面饼；把部分蛋液倒在面饼皮上，待蛋液表面凝固，翻面继续煎，半分钟后出锅。❸把圆白菜丝包入蛋饼中卷成卷，切成小段。

午餐 咖喱鲜虾乌冬面

原料： 乌冬面 200 克，新鲜对虾 2 只，番茄 1 个，洋葱、鱼丸、咖喱块、奶酪、盐、植物油各适量。

做法： ❶新鲜对虾洗净，剪去虾须、挑去虾线；番茄洗净去皮，切丁；洋葱洗净，切丁。❷油锅烧热，爆香洋葱丁，放入番茄丁翻炒至出汤汁，加水，放入咖喱块、奶酪至融化，放入对虾、鱼丸、乌冬面。❸中火炖煮 4 分钟，加盐调味即可。

晚餐 橄榄菜炒四季豆

原料： 四季豆 200 克，橄榄菜 30 克，葱花、盐、香油、植物油各适量。

做法： ❶将四季豆洗净，掐成段；橄榄菜切碎。❷油锅烧热，爆香葱花，下入四季豆段和橄榄菜翻炒。❸快要炒熟时，用盐、香油调味即可。

孕11~12周 | 孕妈妈乳头变深，胎宝宝器官发育完善

🤰 孕早期就开始柔软胀大的乳房，现在继续变大。由于体内血液增多，孕妈妈心跳也会加快。

👶 现在胎宝宝身长达到65毫米左右，体重达到10克，已经能在孕妈妈的子宫里做吸吮、吞咽和踢腿的动作了。

注意事项

1 吃芹菜保留芹菜叶

芹菜富含膳食纤维、碳水化合物、维生素和矿物质，其中钙和钾的含量很高，还含有甘露醇、挥发油等人体不可缺少的植物性化学物质。孕妈妈常吃可以帮助消化，还能预防妊娠高血压综合征。很多人吃芹菜会把芹菜叶扔掉，事实上，芹菜叶的营养比茎更丰富，孕妈妈吃芹菜时，要保留芹菜叶。

2 慎用精油

大自然中各种各样的植物精油，不仅有改善容颜的功效，还可以帮助孕妈妈改善睡眠。可是，有些精油含有添加剂，有轻微的毒素，也有的精油具有活血通经的功效，长期使用，可能导致流产。所以，要想使用，最好向专业人士咨询清楚精油的功效、使用禁忌及安全剂量。孕期最好不用鼠尾草、薰衣草、玫瑰、洋甘菊、茉莉、薄荷、迷迭香、马郁兰等精油。

3 准备第1次产检

第1次产检的最佳时间在孕11~12周，孕妈妈产检当天不可吃早餐，需要空腹抽血。如果第1次检查的结果符合要求，医院就会为孕妈妈建卡，这主要是为了能更全面了解孕妈妈的身体情况及胎宝宝的生长发育情况，保障孕妈妈和胎宝宝的健康与安全。因此，孕妈妈最好能够提前确定自己的分娩医院，并且在同一家医院进行产检。同时也特别建议孕妈妈在孕期的检查中，最好能够固定看一位医生，这样医生能根据孕妈妈的情况给一些比较好的建议，即便出现突发情况，也能积极应对。

4 洗澡不宜超过15分钟

一般来说，如果天气较温暖，有条件的孕妈妈最好能每天洗1次澡，炎热的夏天每天洗2次也可以。即使在寒冷的冬季做不到每天都洗澡，也要尽量用温水擦洗身体，同时保证最少三四天要洗1次澡。

但是，洗澡时间不宜过长，否则可能会引起孕妈妈脑部缺血，发生晕厥，还会造成胎宝宝缺氧，影响胎宝宝神经系统的生长发育。此外，洗澡水温度不宜过高，38℃较合适。水温过高会使孕妈妈体温升高，羊水的温度也随之升高，对胎宝宝的发育不利。此外，温度过高还会损害胎宝宝的中枢神经系统。

5 不宜多喝茶

怀孕了依然还在坚持上班的孕妈妈，是否经常会感觉到昏昏沉沉，这时候要不要喝提神的茶饮呢？对于孕妈妈来说，此时身体需要依靠新血管增生作用来孕育胎宝宝，所以，一定不能多喝茶，更不能喝浓茶，因为茶里含有鞣酸，在肠道内易与食物中的铁、钙结合成沉淀，影响肠黏膜对铁和钙的吸收利用。若过多地饮用浓茶，有可能引起妊娠缺铁性贫血，宝宝也可能出现先天性缺铁性贫血。茶里的咖啡因也会使孕妈妈比较兴奋，尤其对咖啡因比较敏感的孕妈妈还容易失眠。

推荐食材购买清单

肉类	虾仁、鲈鱼、鸡块、牛腩、鳜鱼、猪肝、鱿鱼、干贝、黄花鱼、猪肉等。
蔬菜	丝瓜、菠菜、番茄、油菜、冬瓜、绿豆芽、茄子、西葫芦、白萝卜、土豆、黄瓜、胡萝卜、芹菜、西蓝花、芥菜、香菇、甜椒等。
水果	草莓、芒果、香蕉、苹果、火龙果、猕猴桃等。
其他	开心果、红豆、黑豆、红薯、玉米粒、豆腐、奶酪、榛子、鸡蛋、紫菜、面粉、荞麦面、海带丝、熟芝麻、花生仁等。

一日三餐举例

早餐 鸡蛋紫菜饼

原料： 鸡蛋 1 个，紫菜 8~10 克，面粉、盐、植物油各适量。

做法： ❶鸡蛋磕入碗中，搅匀；紫菜洗净，撕碎，用水浸泡片刻。❷鸡蛋液中加入面粉、紫菜、盐一起搅匀成糊。❸油锅烧热，将面糊倒入锅中，小火煎成一块圆饼。❹圆饼出锅后切块即可。

午餐 下饭蒜焖鸡

原料： 鸡块 250 克，彩椒 2 个，去皮蒜瓣 10 个，姜片、料酒、海鲜酱、蚝油、白糖、植物油各适量。

做法： ❶鸡块洗净，用蚝油腌制 20 分钟；彩椒洗净，切块。❷油锅烧热，放入姜片、鸡块，小火煸炒至鸡肉出油脂，加入料酒烧开。❸加入蒜瓣、海鲜酱、蚝油、白糖，翻炒至鸡块上色；再加清水没过鸡块，大火烧开，小火收汁，加彩椒块翻炒均匀即可。

晚餐 芥菜干贝汤

原料： 芥菜 250 克，干贝 3 只，高汤、葱末、姜末、蒜末、香油、盐各适量。

做法： ❶芥菜洗净，切段；干贝用温水浸泡，入沸水锅煮软，捞出取干贝肉。❷锅中加高汤，放入芥菜、干贝肉、葱末、姜末、蒜末，稍煮入味，最后放入香油、盐调味即可。

早餐 荞麦凉面

原料： 荞麦面 100 克，醋、盐、白糖、熟海带丝、熟芝麻各适量。

做法： ❶荞麦面煮熟，捞出，用凉开水冲凉，加醋、盐、白糖搅拌均匀。❷荞麦面上撒上熟海带丝、熟芝麻即可。

午餐 干烧黄花鱼

原料： 黄花鱼 200 克，香菇 4 朵，五花肉 50 克，姜片、葱段、蒜片、料酒、酱油、白糖、盐、植物油各适量。

做法： ❶黄花鱼去鳞及内脏，洗净；香菇洗净，切小丁；五花肉洗净，切丁。❷油锅烧热，放入黄花鱼，双面煎炸至微黄色。❸另起油锅，放入肉丁和姜片，用小火煸炒，再放入香菇丁、葱段、蒜片翻炒片刻，加水烧开，放入黄花鱼，加入料酒、酱油、白糖，转小火，15 分钟后，加适量盐调味即可。

晚餐 宫保素三丁

原料： 土豆 150 克，黄瓜、甜椒各 80 克，花生仁 40 克，葱末、白糖、盐、水淀粉、香油、植物油各适量。

做法： ❶土豆洗净，去皮切丁；黄瓜、甜椒洗净，切丁；将花生仁、土豆丁分别过油炒熟。❷油锅烧热，煸香葱末，放入土豆丁、花生仁、黄瓜丁、甜椒丁，大火快炒，加白糖、盐调味，用水淀粉勾芡，最后淋香油即可。

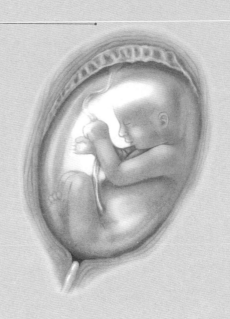

- 孕 16 周，胎宝宝的外生殖器发育完善，能分辨出性别
- 孕 18 周左右，胎宝宝进入活跃期，孕妈妈会感觉到胎动
- 孕 24 周，胎宝宝能分辨子宫内、外界的声音
- 孕 27 周，胎宝宝能察觉光线的变化

- 乳房更加丰满
- 乳晕的颜色继续变深
- 乳房开始分泌黄色的初乳

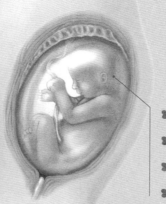

- 下腹隆起明显
- 子宫底的高度与肚脐平齐
- 腹部有紧绷感
- 子宫肌肉对外界的刺激开始敏感

由于关节、韧带的松弛，孕妈妈此时还会感到腰酸背痛。

从这个时期开始，孕妈妈和胎宝宝的交流开始频繁起来，胎宝宝能够听到子宫内外的声音了，孕妈妈也能够明显感到胎动了！

孕中期

　　孕妈妈的肚子继续增大，不过早孕症状明显减轻了，进入人们常说的"最舒服的孕中期"。好好利用孕中期来补充你和胎宝宝需要的营养吧。如果你在孕早期完全没有增重，或由于严重的恶心呕吐，体重甚至减轻了，医生会建议你在孕中期补回来。

4月	5月	6月	7月
李子	香梨	香瓜	木瓜
↓	↓	↓	↓
香梨	香瓜	木瓜	哈密瓜
胎宝宝在孕4月进入第一个生长高峰，体重和身长可能会翻番，月末，约为1个香梨的大小。	胎宝宝的体重继续稳步增长，身体比例更加协调，月末，相当于1个香瓜的大小。	胎宝宝的身体比例开始变得更加匀称，月末，相当于1个木瓜的大小。	在孕7月，胎宝宝的身体开始充满整个子宫，月末，相当于1个哈密瓜的大小。

孕13周 | 孕妈妈胃口变好，胎宝宝像条小金鱼

进入孕 13 周，就表示孕妈妈已经度过了最危险的孕早期，早孕反应也相对减轻，孕妈妈感觉自己又恢复了活力。

胎宝宝约有 76 毫米了，眼睛凸出在头的额部，两眼之间的距离在缩小，耳朵也已就位。

注意事项

1 选择低盐海苔

海苔浓缩了紫菜当中的 B 族维生素，特别是维生素 B_2 和烟酸的含量十分丰富。它还含有丰富的矿物质，有助于维持人体内的酸碱平衡，而且热量很低，膳食纤维含量很高，对孕妈妈来说是不错的零食。但孕妈妈在选择海苔时要注意选择低盐类的，避免摄入过多盐。

2 适当吃奶酪补钙

奶酪是牛奶"浓缩"成的精华，具有丰富的蛋白质、B 族维生素、钙和多种有利于孕妈妈吸收的微量营养成分。天然奶酪中的乳酸菌有助于孕妈妈的肠胃对营养的吸收。所以，孕妈妈适当吃些奶酪，不仅可以补钙，还能防治便秘。

3 预防妊娠纹

孕中后期，有些孕妈妈的腹部出现了暗红色的妊娠纹，有些孕妈妈在臀部和腰部也会出现。妊娠纹在产后只会变淡，不太可能完全消除，因此孕妈妈在孕期的"抗皱行动"就显得格外重要。一方面，孕妈妈要控制体重增长过快；另一方面，可以配合抗妊娠纹按摩油、孕妇专用按摩乳液、维生素 E 软胶囊或纯橄榄油，在易产生妊娠纹的部位适度按摩肌肤。

4 "做爱做的事"

孕中期胎盘已经形成，胎宝宝此时在子宫中有胎盘和羊水作为屏障，会受到很好的保护，所以不要担心准爸爸和孕妈妈之间的"亲密动作"会伤害到胎宝宝。而性生活带来一定程度的子宫收缩，对胎宝宝也是一种锻炼。但有流产史并且本次妊娠流产危险期还未过去，阴道发炎，子宫收缩太频繁或子宫闭锁不全，发生早期破水情况的孕妈妈要禁止性生活。

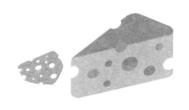

5 不宜吃马齿苋

马齿苋性寒凉，有明显的兴奋作用，容易引发小产。由于马齿苋常用来做凉拌菜，所以，爱吃凉拌菜的孕妈妈需要多加注意。

6 不宜多吃黄油

黄油是将牛奶中的稀奶油和脱脂乳分离后，将稀奶油搅拌后而成的，其主要成分是脂肪。大量食用黄油，容易引起孕妈妈血脂过高及体重超标，因此孕妈妈不宜多吃。

7 不宜用饮料代替白开水

白开水是补充人体水分的最佳选择，它最有利于人体吸收，且极少有副作用。各种市售果汁、饮料都含有较多的糖及其他添加剂和大量的电解质，这些物质在胃里停留较长时间，会对胃产生不良刺激，不仅影响食欲和消化，而且会增加肾脏过滤的负担，影响肾功能，摄入过多糖分还容易引起肥胖。因此，孕妈妈用饮料代替白开水是错误的。

推荐食材购买清单

肉类	牛肉、猪肉、鲈鱼、带鱼、鸡肉、虾仁、黄花鱼、龙利鱼等。
蔬菜	土豆、番茄、油菜、豆角、圆白菜、空心菜、平菇、西蓝花、莲藕、胡萝卜、南瓜、香菇、白萝卜、黄瓜、菠菜、洋葱、青豆等。
水果	橙子、猕猴桃、柠檬、橘子、苹果、哈密瓜、草莓等。
其他	鸡蛋、开心果、榛子、葵花子、豆腐、玉米粒、海带、松子、全麦吐司、洋槐蜜、酸奶、豆豉、亚麻籽、牛奶、豆浆、荞麦等。

一日三餐举例

早餐 水果酸奶全麦吐司

原料： 全麦吐司 2 片，酸奶 1 杯，洋槐蜂蜜、草莓、哈密瓜、猕猴桃各适量。

做法： ❶将全麦吐司切成方丁。❷所有水果洗净，去皮，切成丁。❸将酸奶倒入碗中，调入适量洋槐蜂蜜，再加入全麦吐司丁、水果丁搅拌均匀。

午餐 蒸龙利鱼柳

原料： 龙利鱼 1 块，盐、料酒、葱花、姜丝、豆豉、植物油各适量。

做法： ❶龙利鱼提前一晚放入冰箱冷藏室解冻，用盐、料酒、葱花、姜丝腌制 15 分钟，入蒸锅，大火蒸 6 分钟，取出备用。❷油锅烧热，爆香葱花，加入豆豉翻炒，淋在蒸好的龙利鱼上即可。

晚餐 椒盐玉米

原料： 玉米粒半碗，鸡蛋清 1 个，干淀粉、椒盐、植物油各适量。

做法： ❶玉米粒中加鸡蛋清搅匀，再加干淀粉搅拌。❷油锅烧热，把玉米粒倒进去，过半分钟之后再搅拌，炒至玉米粒呈金黄色。❸盛出玉米粒，把椒盐撒在玉米粒上，搅拌均匀。

早餐 南瓜浓汤

原料： 南瓜 300 克，牛奶 200 毫升，黄油 10 克，洋葱适量。

做法： ❶南瓜去皮去籽，切块；洋葱洗净，切丁。❷锅内加黄油、洋葱丁，加热至黄油融化、洋葱丁变软。❸再加入南瓜块、牛奶，煮至南瓜软烂，搅拌均匀即可。

午餐 松子鸡肉卷

原料： 鸡肉 100 克，虾仁 50 克，松子 20 克，胡萝卜碎丁、鸡蛋清、干淀粉、盐、料酒各适量。

做法： ❶将鸡肉洗净，切成薄片。❷虾仁洗净，切碎，剁成蓉，加入胡萝卜碎丁、盐、料酒、鸡蛋清和干淀粉搅匀。❸在鸡片上放虾蓉和松子，卷成卷儿，入蒸锅大火蒸熟。

晚餐 什锦饭

原料： 粳米 100 克，香菇、黄瓜、胡萝卜、青豆各 30 克，盐适量。

做法： ❶香菇、黄瓜、胡萝卜分别洗净，切丁；粳米、青豆分别淘洗干净。❷将所有食材放入锅内，加少许盐，加水用电饭锅焖熟即可。

孕14周 | 孕妈妈容易便秘，胎宝宝长指纹了

孕妈妈的子宫增大，腹部也隆起，看上去已是明显的孕妇模样。现在，孕妈妈容易出现便秘症状，要多吃蔬菜、水果和坚果。

胎宝宝的生长速度很快，有95毫米长了，手指上出现了独一无二的指纹印。

注意事项

1 多吃鲤鱼防水肿

越接近孕晚期，孕妈妈越易出现足踝部轻度水肿的现象，这是由增大的子宫压迫下腔静脉，使血液循环受阻引起的。鲤鱼有助于消水肿、清热解毒，对孕妈妈胎动不安、妊娠性水肿有很好的食疗效果，所以孕妈妈吃鲤鱼是很有益处的。

2 用小苏打水清洗蔬果

用淡盐水洗蔬果很常见，但不科学，因为淡盐水很难有效去除蔬果表面的农药残留。而用小苏打水清洗、浸泡生吃的蔬果，是安全有效的洗涤方法。因为小苏打水呈弱碱性，可加速大多数农药分解。不过，用小苏打水清洗后的蔬果不易保存，所以孕妈妈最好即洗即食。

3 缓解眼睛干涩

孕妈妈怀孕时，泪液分泌会减少，泪液中的黏液成分会增加，容易造成眼睛干涩。多吃富含维生素A的食物可以预防眼睛干涩，如动物肝脏，每周1~2次，每次50~75克为宜，也宜多食用含β-胡萝卜素丰富的食物，如胡萝卜、番茄、绿叶菜等。孕妈妈还要避免长时间面对电脑或看书，感觉眼睛疲劳时，可以闭上眼睛休息一下。眼睛难受时，不要用手揉眼睛，注意用眼卫生。

4 护理秀发

孕妈妈体内的雌激素水平上升，延长了头发的生长期，于是头发变得更浓密，更有光泽。孕妈妈可以抓紧这段时间，护理自己美丽的秀发。除了定期修剪发梢外，孕妈妈可以每天用指腹按摩头部10~15分钟，这样能够改善头部血液循环，促进皮脂腺、汗腺的分泌，从而改善发质。

5 脾胃虚寒不宜多吃梨

梨的营养价值很高，素有"百果之宗"的称号，但也不能随意多吃。由于梨性凉，多吃会伤脾胃，所以，脾胃虚寒、畏冷食的孕妈妈要少吃。

6 不宜吃芦荟

芦荟是凉性的，能扩张毛细血管，引起子宫收缩，孕妈妈吃芦荟可能引起子宫内壁充血。所以，孕妈妈尽量不要吃芦荟和含有芦荟的食物，如芦荟汁、芦荟酸奶等。

7 不宜喝没煮开的豆浆

黄豆中含有的抗营养因子遇热不稳定，可以通过加热完全消除。此外，生豆浆中含有皂苷，易导致恶心、呕吐等中毒反应。所以豆浆不仅要煮开，煮的时候还要敞开锅盖，煮沸后继续加热3~5分钟，使泡沫完全消失。孕妈妈每次饮用250毫升为宜，如果是自制豆浆，尽量在2小时以内喝完。

推荐食材购买清单

肉类	羊肉、鲈鱼、猪肉、鲫鱼、鸡肉、鳜鱼、牛里脊、带鱼、北极虾、鸡翅等。
蔬菜	胡萝卜、西蓝花、口蘑、山药、西葫芦、茭白、香菇、紫菜、芦笋、白菜、土豆、芹菜、扁豆、南瓜、番茄、洋葱、青椒、红椒等。
水果	草莓、芒果、猕猴桃、香蕉、苹果、火龙果等。
其他	鸡蛋、开心果、豆腐、松子、香干、莲子、百合、榛子、银耳、海带、豌豆、奶酪、吐司等。

一日三餐举例

早餐 奶酪炖饭

原料： 米饭 1 碗，番茄 1 个，奶酪 2 片，盐、橄榄油各适量。

做法： ❶奶酪切碎；番茄切块，用橄榄油拌匀，放入 160℃的烤箱内烤制 30 分钟。❷米饭蒸热，放入奶酪碎、番茄，再调入盐，继续蒸，待奶酪碎完全融化后，加入适量橄榄油，拌匀即可。

午餐 香芒牛柳

原料： 牛里脊 150 克，芒果 1 个，青椒、红椒各 20 克，鸡蛋清 1 个，盐、白糖、料酒、干淀粉、植物油各适量。

做法： ❶牛里脊切成条，加鸡蛋清、盐、料酒、干淀粉腌制 10 分钟；青椒、红椒洗净，去籽切条；芒果去皮，取果肉切粗条。❷油锅烧热，下牛肉条，快速翻炒，加白糖微压片刻，加入青椒、红椒翻炒。❸出锅前放入芒果条，拌炒一下即可。

晚餐 炒三脆

原料： 胡萝卜、西蓝花各 100 克，银耳 20 克，水淀粉、盐、姜片、香油、植物油各适量。

做法： ❶银耳泡发，剪去老根，择成小朵，待用；胡萝卜洗净，切丁。❷西蓝花洗净，择成小朵；锅内加水烧热，焯熟西蓝花。❸油锅烧热，爆香姜片，放入胡萝卜丁、银耳、西蓝花翻炒片刻，调入水淀粉和盐，拌炒至均匀后淋入香油即可。

早餐 手卷三明治

原料： 吐司 2 片，芦笋 2 根，北极虾 30 克，沙拉酱适量。

做法： ❶吐司去边，压平；北极虾剥壳，入沸水氽熟；芦笋洗净，切断，入沸水焯烫。❷吐司上抹上沙拉酱，依次放上北极虾、芦笋段，卷起即可。

午餐 奶酪鸡翅

原料： 鸡翅 4 个，黄油、奶酪各 30 克，盐适量。

做法： ❶将鸡翅清洗干净，并将鸡翅从中间划开，撒上盐腌制 1 小时。❷将黄油放入锅中融化，待油温升高后将鸡翅放入锅中。❸用小火将鸡翅彻底煎熟透，然后将奶酪擦成碎末，均匀撒在鸡翅上。

晚餐 意式蔬菜汤

原料： 胡萝卜、南瓜、西蓝花、白菜、洋葱各 50 克，蒜末、高汤、橄榄油各适量。

做法： ❶胡萝卜、南瓜洗净，切小块；西蓝花洗净，掰朵；白菜、洋葱洗净，切碎。❷锅内放橄榄油，中火加热，放洋葱碎翻炒几分钟至洋葱变软。❸锅内放蒜末和所有蔬菜，翻炒 2 分钟；倒入高汤，烧开后转小火炖煮 10 分钟即可。

孕15周 | 孕妈妈牙龈红肿，胎宝宝长出胎毛

孕妈妈现在要特别注意口腔卫生，养成餐后漱口、使用牙线、早晚刷牙的习惯。

本周的胎宝宝，身上长出一层细细的绒毛。小家伙现在会做许多动作，像皱眉头、做鬼脸、吸吮自己的大拇指等。

注意事项

1 鸭肉富含优质油脂

鸭肉富含蛋白质、脂肪、铁、磷等多种营养素，有清热凉血、祛病健身的功效。孕妈妈可选择吃白鸭肉，清热凉血效果更好。研究表明，鸭肉中的脂肪不同于黄油或猪油，其化学成分近似橄榄油，有降低胆固醇的作用，能有效防治妊娠期高血压。

2 搭配玉米吃豌豆

豌豆荚和豆苗的嫩叶富含维生素C和能分解体内亚硝胺的酶，具有防癌抗癌的作用。豌豆富含膳食纤维，能促进大肠蠕动，保持大便通畅，起到清洁大肠的作用。搭配玉米吃豌豆，还可起到蛋白质互补的作用，孕妈妈宜适量食用。

3 常备零食在身边

孕妈妈已经过了早孕反应期，食欲开始大增，容易感觉到饥饿。所以，孕妈妈，尤其是上班族的孕妈妈，要常备一些零食在身边。比如全麦面包、红枣、核桃、葡萄干、酸奶、苹果、葵瓜子等。

4 做好口腔护理

妊娠期，许多口腔疾病很容易发生或加重，如龋齿、牙龈炎和牙周炎。要知道，这些口腔问题也会影响胎宝宝的健康。因此，孕妈妈进餐后要漱口，每天至少刷2次牙；或者使用牙线作为辅助方式，清洁牙齿上的牙菌斑和食物残渣。如果孕妈妈长有智齿，要使用盐白牙膏或服用适量的维生素D。要少用含氟牙膏，防止氟影响胎宝宝大脑神经元的发育。

5 不宜吃未成熟的番茄

黄青色的番茄含有大量的龙葵素，孕妈妈食用后容易出现恶心、呕吐、全身乏力等中毒症状，对胎宝宝的健康发育有害。所以，孕妈妈一定要吃熟透的番茄。

6 不宜拔牙

怀孕后，孕妈妈的牙龈多有充血或出血症状，还有些孕妈妈口腔常出现个别牙或者全口牙肿胀现象。虽然怀孕 3~7 个月拔牙相对安全些，但是为了防止细菌通过创面进入血液，影响胎宝宝的健康，孕妈妈最好等生产后再进行治疗为佳。如果牙痛加重，建议孕妈妈先咨询口腔医生，用点局部消炎药或者进行补牙术。

7 不宜吃火锅

火锅原料多是羊肉、牛肉等生肉片，还有海鲜等，这些都有可能含有弓形虫的幼虫及其他寄生虫。这些虫寄生在畜禽的细胞中，肉眼看不见，人们吃火锅时，习惯烫一下就吃，短暂的热烫不能杀死幼虫及虫卵，进食后可能会造成弓形虫感染，导致流产等严重后果。因此，孕妈妈最好不要吃火锅，实在要吃，食材一定要煮到熟透再吃。

推荐食材购买清单

肉类	猪肉、牛肉、鸡肉、带鱼、鳕鱼、鲈鱼、火腿等。
蔬菜	番茄、胡萝卜、西蓝花、青菜、香菇、芦笋、土豆、木耳、莲藕、白萝卜、西葫芦、白菜、荷兰豆、扁豆、莴笋、口蘑、竹笋等。
水果	苹果、草莓、西柚、橙子、橘子等。
其他	海带、鸡蛋、百合、榛子、开心果、豌豆、豆腐、银耳、红枣、粳米等。

一日三餐举例

早餐 肉末菜粥

原料：粳米30克，猪肉末20克，青菜、葱末、姜末、盐、植物油各适量。

做法：❶将粳米熬成粥；青菜洗净，切碎待用。❷油锅烧热，加入葱末、姜末煸香，倒入切碎的青菜，与猪肉末一起炒散。❸将猪肉末和青菜碎倒入粥内，加入盐调味，稍煮即可。

午餐 清蒸鲈鱼

原料：鲈鱼1条，香菇4朵，火腿30克，笋片40克，盐、料酒、酱油、姜丝、葱丝各适量。

做法：❶鲈鱼处理干净放入蒸盘中；香菇洗净，切片，摆在鱼身内及周围处。❷火腿切片，与笋片一同码在鱼身上；将姜丝、葱丝均匀放在鱼身上，加盐、酱油、料酒。❸锅中加适量水，大火烧开，放上蒸屉，放入鱼盘，大火蒸8~10分钟，鱼熟后取出即可。

晚餐 荷塘小炒

原料：莲藕100克，胡萝卜、荷兰豆各50克，木耳、盐、水淀粉、植物油各适量。

做法：❶木耳洗净，泡发，撕小朵；荷兰豆择洗干净；莲藕去皮，洗净，切片；胡萝卜洗净，去皮，切片；水淀粉加盐调成芡汁。❷将胡萝卜片、荷兰豆、木耳、莲藕片分别放入沸水中断生，捞出沥干。❸油锅烧热，倒入断生后的食材翻炒出香味，调入盐浇入芡汁勾芡即可。

早餐 白菜豆腐粥

原料： 粳米 50 克，白菜叶 50 克，豆腐 50 克，葱丝、盐、植物油各适量。

做法： ❶粳米淘洗干净，倒入盛有适量水的锅中熬煮。❷白菜叶洗净，切丝；豆腐洗净，切块。❸油锅烧热，炒香葱丝，放入白菜丝、豆腐块同炒片刻。❹将白菜丝、豆腐块倒入粥锅中，加适量盐继续熬煮至粥熟。

午餐 猪肉焖扁豆

原料： 猪瘦肉 150 克，扁豆 250 克，葱花、姜末、胡萝卜片、盐、高汤、植物油各适量。

做法： ❶猪瘦肉洗净，切薄片；扁豆择洗干净，切成段。❷油锅烧热，用葱花、姜末炝锅，放肉片炒散后，放入扁豆段、胡萝卜片翻炒。❸加盐、高汤，转中火焖至扁豆熟透即可。

晚餐 莴笋炒口蘑

原料： 莴笋、口蘑各 150 克，胡萝卜半根，盐、植物油各适量。

做法： ❶莴笋去皮，洗净，切条；胡萝卜洗净，去皮，切条；口蘑洗净，切片。❷油锅烧热，放入莴笋条、胡萝卜条煸炒，再放入口蘑片，快速煸炒，加适量水，焖煮一会儿，加盐调味，再翻炒片刻即可。

孕16周 | 孕妈妈肚子凸起，胎宝宝偷偷打嗝

孕妈妈的子宫及子宫两边的韧带和盆骨，为适应胎宝宝变化而迅速增大，腹部一侧可能有触痛，不必担心。

孕16周的胎宝宝，身长约12厘米，体重约120克，看上去还是非常小，大小正好可以放在孕妈妈的手掌里。

注意事项

1 每次吃10颗樱桃为宜

樱桃含有β-胡萝卜素、维生素C、维生素E及钙、铁、钾等矿物质，可促进血红蛋白再生，既可防治缺铁性贫血，又可增强体质、健脑益智，非常适合孕妈妈食用。但樱桃不能多食，否则会引起肠胃不适，每次吃10颗左右为宜。

2 吃西葫芦增进食欲

孕妈妈在孕中晚期很容易发生水肿，进而造成心情烦躁，而西葫芦在中医理论中具有清热利尿、除烦止渴、润肺止咳、消肿散结的功能，水肿的孕妈妈可适当多吃。西葫芦还含有一种干扰素的诱生剂，可刺激机体产生干扰素，提高免疫力。此外，西葫芦口味清香，有利于增加孕妈妈的食欲。

3 饮食调理胃灼热

如果孕妈妈胃灼热难忍，可吃些红萝卜，它是碱性食物，汁多味甘，有中和作用；也可喝些生姜水或陈皮水，能够缓解胃部烧灼感。

4 不宜穿带钢圈文胸

这一阶段，孕妈妈乳房会明显增大，文胸又要换了。带有钢圈的文胸不适合孕妈妈，会压迫已经增大的乳房组织，影响乳房的血液循环。孕妈妈应选择透气良好、吸汗、舒适，且具有一定伸缩性、纯棉材质的无钢圈文胸或运动型文胸。

5 不宜多吃宵夜

孕妈妈对营养的需求量比孕前增多，才吃过不久就会觉得有点饿，尤其是在晚上，有的孕妈妈因而会常吃宵夜。但是，晚饭后人的活动有限，而且人体在夜间对热量和营养物质的需求量不大，如果宵夜吃得太多，会影响睡眠质量，甚至会导致肥胖，影响产后体形恢复。

6 不宜服用蜂王浆

蜂王浆等口服液含有激素物质，会刺激子宫，使胎宝宝过大，不利于分娩。还会使胎宝宝体内激素增加，容易导致新生儿假性早熟，所以孕妈妈不宜服用蜂王浆。

推荐食材购买清单

肉类	猪肝、猪肉、排骨、牛肉、黄花鱼、鸡肉、鳗鱼、带鱼、鲈鱼、海米等。
蔬菜	番茄、胡萝卜、西蓝花、青菜、香菇、山药、荸荠、土豆、木耳、莲藕、白萝卜、西葫芦、白菜、雪菜、青椒、西葫芦等。
水果	苹果、草莓、西柚、橙子、橘子等。
其他	芋头、海带、鸡蛋、榛子、开心果、豌豆、黄豆、豆腐、银耳、红枣、芝麻、面条、粳米、甜面酱、枸杞子等。

一日三餐举例

早餐 雪菜肉丝汤面

原料： 面条 100 克，猪肉丝 50 克，雪菜半棵，生抽、盐、白糖、料酒、葱花、姜末、高汤、植物油各适量。

做法： ❶雪菜洗净，浸泡 2 小时，沥干切碎；猪肉丝加料酒拌匀。❷油锅烧热，下葱花、姜末、猪肉丝煸炒至肉丝变色，再放入雪菜碎翻炒，放入生抽、白糖，炒匀盛出。❸煮熟面条，挑入有生抽、盐的碗内，舀入高汤，再把炒好的雪菜肉丝覆盖在面条上。

午餐 鱼香肝片

原料： 猪肝 100 克，青椒 2 个，盐、葱末、白糖、醋、料酒、干淀粉、植物油各适量。

做法： ❶青椒洗净，切片；猪肝洗净，切片，用料酒、盐、干淀粉腌制；将白糖、醋及剩余的干淀粉调成芡汁。❷油锅中放入葱末爆香，加入浸好的猪肝片炒几下，再放入青椒片，熟后倒入芡汁即可。

晚餐 凉拌黄豆海带丝

原料： 海带 100 克，黄豆 20 克，胡萝卜 30 克，熟芝麻、香油、盐各适量。

做法： ❶海带洗净，放入蒸锅中蒸熟，取出切丝；泡发黄豆；胡萝卜洗净，切丝。❷泡好的黄豆和胡萝卜丝放入水中煮熟，捞出沥干水分。❸将海带丝、胡萝卜丝和黄豆放入盘中，调入香油和盐拌匀，撒上熟芝麻即可。

早餐 白萝卜粥

原料：白萝卜半根，粳米50克，红糖适量。

做法：❶白萝卜去皮洗净，切成丝；粳米洗净，浸泡30分钟。❷锅中放入粳米和适量水，大火烧沸后改小火，熬煮成粥。❸待粥煮熟时，放入白萝卜丝，略煮片刻。❹放入红糖，搅拌均匀即可。

午餐 芋头排骨汤

原料：芋头200克，排骨150克，料酒、葱花、姜片、盐各适量。

做法：❶芋头去皮，洗净，切块；排骨洗净，切段，放入热水中烫去血沫后捞出。❷先将排骨段、姜片、葱花、料酒放入锅中，加清水，用大火煮沸，转中火焖煮15分钟。❸拣出姜片和葱花，加入芋头块和盐，小火慢煮45分钟即可。

晚餐 京酱西葫芦

原料：西葫芦300克，海米、枸杞子、盐、甜面酱、水淀粉、姜末、高汤、料酒、植物油各适量。

做法：❶将西葫芦洗净，切成厚片。❷油锅烧热，倒入姜末、海米翻炒，加甜面酱继续翻炒，然后倒入高汤，依次放入料酒、盐，再放入西葫芦片。❸待西葫芦煮熟后放枸杞子，用水淀粉勾芡，小火收干汤汁即可。

孕17周 | 孕妈妈容易疲累，胎宝宝非常活跃

孕妈妈的大肚子愈加明显，身体的重心开始转移，即使是站一会儿也会感到累，现在开始要注意休息了。

这时候的胎宝宝大概有 13 厘米长。小家伙非常活跃，会不断地吸入和吐出羊水，还经常用手抓住脐带玩。

注意事项

1 常吃番茄美容养颜

妊娠斑是一种黄褐色的蝴蝶斑，一般多分布于鼻梁和两颊，这是由脑垂体分泌的促黑激素造成的。番茄就是一种能够淡化妊娠斑的理想食物，番茄富含番茄红素、维生素 C 和 β - 胡萝卜素，常吃不仅可以补充营养素，还能祛斑养颜。

2 适量吃玉米

玉米中的维生素 B_1 能增进孕妈妈的食欲，促进胎宝宝发育，提高神经系统的功能。玉米中还含有丰富的膳食纤维，能加速致癌物质和其他有毒物质的排出，防止孕妈妈便秘。因此，孕妈妈可以适量吃玉米。但水果玉米含糖量较高，患有妊娠糖尿病的孕妈妈最好选择吃糯玉米或紫玉米。

3 穿着孕妇服出门

孕妈妈的肚子开始越来越大，这个时候要在衣橱里备一些孕妇装，穿出孕妈妈的时尚，最好根据怀孕的季节来选择；可以选择背带裤、背带裙、A 字裙或连衣裙，宽松的职业套装也是不错的。早早地穿着孕妇服，还能让同行或同车的人识别出你的身份，他们就会有意识地避让或给你让座。

4 左侧卧位睡眠

对于孕中期肚子越来越重的孕妈妈来说，翻身困难造成彻夜难眠的情况时有发生。因此，孕妈妈要格外注意睡姿。左侧卧位睡姿有利于胎宝宝更好获取氧气和营养物质，排出二氧化碳及废物，可避免子宫对下腔静脉压迫，减少孕妈妈肢体水肿。所以，妊娠期间的睡姿，尤其是妊娠晚期的睡姿最好采取左侧卧位。如果孕妈妈不习惯同一种睡姿，左右侧卧和仰卧交替时，尽量缩短仰卧和右卧的时间。

5 不宜吃皮蛋和罐头食品

孕妈妈的血铅水平高，可直接影响胎宝宝的正常发育，甚至造成先天性弱智或畸形，所以一定要注意食品安全。皮蛋及罐头食品等都含有铅，孕妈妈尽量不要食用。

6 不宜拒绝摄入脂肪

胎宝宝的大脑发育继续加强，已经开始划分专门区域，嗅觉、听觉以及触觉也都开始发育。脂肪的摄取对于促进胎宝宝脑和神经的发育非常重要。因此，孕妈妈不能因为怕胖而拒绝脂肪的摄入。

7 不宜多服鱼肝油

鱼肝油的主要成分是维生素 A 和维生素 D，孕期适量补充鱼肝油，有利于孕妈妈健康和胎宝宝发育，同时也有益于孕妈妈对钙的吸收。但人体所需维生素 A 和维生素 D 的量极低，日常饮食已足够满足需要。若长期大量服用鱼肝油，会引起食欲减退、皮肤发痒、血中凝血酶原不足以及维生素 C 代谢障碍等。因此，孕妈妈应在医生的指导下服用鱼肝油，不可过量补充。

推荐食材购买清单

肉类	排骨、牛肉、鸡胸肉、鲫鱼、虾、猪肉、鳕鱼、三文鱼、鲈鱼、叉烧等。
蔬菜	香菇、番茄、菜花、圆白菜、油菜、山药、西葫芦、扁豆、秋葵、莲藕、小番茄、西葫芦、口蘑、芋头等。
水果	火龙果、香蕉、草莓、哈密瓜、橘子、柠檬等。
其他	玉米粒、鸡蛋、豌豆、腰果、豆腐、花生、核桃、芝麻、蚕豆、燕麦、板栗、银耳、芋头、番茄酱、粳米、牛奶、面粉等。

一日三餐举例

早餐 叉烧芋头饭

原料： 米饭 100 克，芋头 3 个，叉烧 50 克，葱花、植物油各适量。

做法： ❶芋头洗净，切丁；叉烧切丁。❷米饭打散蒸熟；芋头丁蒸熟；油锅烧热，煸香葱花，放入叉烧丁翻炒。❸将芋头丁和叉烧丁放入米饭中，搅拌均匀即可。

午餐 山药炒扁豆

原料： 山药、扁豆各 150 克，葱花、姜片、盐、植物油各适量。

做法： ❶山药洗净，去皮，切片；扁豆洗净。❷油锅烧热，放入葱花、姜片炒香，加山药片和扁豆同炒，加盐调味即可。

晚餐 茄汁大虾

原料： 大虾 300 克，番茄酱 30 克，盐、白糖、面粉、水淀粉、植物油各适量。

做法： ❶大虾洗净去须，用盐腌一会儿，再用面粉抓匀。❷油锅烧热，大虾用中火煎至金黄，捞起。❸锅内留底油，放入番茄酱、白糖、盐、水淀粉和少量水烧成稠汁，把大虾倒入，翻炒片刻即可。

早餐 牛奶核桃粥

原料: 粳米 50 克, 核桃仁 3 颗, 牛奶 200 毫升, 白糖适量。

做法: ❶粳米淘洗干净, 加入适量水, 放入核桃仁, 大火烧开后转中火熬煮 30 分钟。❷倒入牛奶, 煮沸后调入白糖即可。

午餐 秋葵拌鸡肉

原料: 秋葵 5 根, 鸡胸肉 100 克, 小番茄 5 个, 柠檬半个, 盐、橄榄油各适量。

做法: ❶洗净秋葵、鸡胸肉和小番茄。❷秋葵放入滚水中汆烫 2 分钟, 捞出后放凉水中浸凉; 鸡胸肉放入滚水中煮熟, 捞出沥干水分。❸小番茄对半切开; 秋葵去蒂, 切成 1 厘米的小段; 鸡胸肉切成 1 厘米的方块; 将橄榄油、盐放入碗中, 挤入几滴柠檬汁, 搅拌均匀成调味汁。❹切好的秋葵、鸡胸肉和小番茄放入盘中, 淋上调味汁即可。

晚餐 西葫芦饼

原料: 西葫芦 1 个, 面粉 100 克, 鸡蛋 2 个, 盐、植物油各适量。

做法: ❶鸡蛋打散, 加盐调味; 西葫芦洗净, 切丝, 加盐搅拌均匀。❷将西葫芦丝放进蛋液里, 加面粉搅拌均匀, 如果面糊稀了就加适量面粉, 如果稠了就加一个鸡蛋。❸油锅烧热, 将面糊放进去, 煎至两面金黄盛盘即可。

孕18周

孕妈妈食欲大增，
胎宝宝胎动明显

现在，大多数孕妈妈都会感觉到自己食欲大增，吃饭特别有胃口。但孕妈妈一定要记住科学安排饮食，全面摄取营养。

这一时期的胎宝宝大概有 14 厘米长，体重约 180 克，孕妈妈能明显感觉到胎动。

注意事项

1 要多吃含钙的食物

现在正是胎宝宝长牙根的时期，孕妈妈要多吃含钙的食物，让胎宝宝长出一口坚固的牙根。富含钙质的食物有牛奶、虾皮、坚果、绿叶素、豆制品等。

2 补硒提上日程

随着胎宝宝心脏跳动得越来越有力，孕妈妈每天需要补充 50 微克硒，来保护胎宝宝心血管和大脑的发育。一般来说，2 个鸡蛋能提供 46.6 微克的硒，2 个鸭蛋则能提供 61.4 微克的硒。

3 要吃益脑的食物

未来宝宝是否聪明的先决条件之一，取决于胎宝宝时期大脑的发育情况，而现在胎宝宝脑部物质的形成变得越来越复杂。因此，孕妈妈要多吃对胎宝宝大脑有益的食物，如鱼、蛋黄、香蕉、圆白菜、海带、核桃、亚麻籽、藻类等。

4 宜睡午觉

孕中期，疲倦来袭，利用午休的时间，睡个舒适的午觉吧。孕妈妈可以自备一个折叠床，中午睡觉时铺开，不用时就收起来。或者，带个褥子铺在椅子(沙发)上，然后用靠垫当枕头。最好再准备一个眼罩或耳塞，用来降低亮度和噪声，会使你更快地入睡。

5 不宜经常擤鼻涕

怀孕期间，体内会分泌大量的孕激素，使得血管扩张充血，鼻腔黏膜血管壁比较薄，所以容易破裂引起鼻出血。因此不要经常擤鼻涕，也不要挖鼻孔，避免因损伤鼻黏膜而出血。每天用手轻轻按摩鼻部和脸部1~2次，促进局部的血液循环与营养的供应。若发现流鼻血，不要紧张，可走到阴凉处坐下或躺下，抬头，用手捏住鼻子，然后将纸巾塞入鼻孔内。此外，少吃辛辣的食物，多吃含有维生素C、维生素E的食物，可以巩固血管壁、增强血管的弹性，防止破裂出血的情况发生。

6 不宜多吃薏米

薏米的营养价值很高，对于久病体虚、病后恢复期患者、老人、儿童和孕妇来说都是比较好的药用食物。但是薏米性寒，孕妈妈过量食用的话，容易对胎宝宝的生长发育产生不良影响，严重的还会导致流产，所以孕妈妈不宜多吃薏米。

7 不宜多吃红枣

红枣可以每天都吃，但是不能吃得过多，3~5颗即可，否则会给消化系统造成负担，引起胃酸过多、腹胀等症状。如果不注意口腔清洁，吃太多红枣还容易引起蛀牙。另外，湿热重、舌苔黄的孕妈妈不宜吃红枣。

推荐食材购买清单

肉类	牛肉、猪肉、黄花鱼、鸡肉、三文鱼、带鱼、虾仁、香肠等。
蔬菜	胡萝卜、扁豆、菜花、香菇、荠菜、青菜、芹菜、菠菜、西蓝花、木耳、番茄、南瓜、茄子、冬笋、杏鲍菇等。
水果	草莓、苹果、葡萄、火龙果、橘子等。
其他	海带、鸡蛋、黄豆、百合、糯米、核桃、玉米粒、银耳、开心果、燕麦、南豆腐、豆腐干、吐司等。

一日三餐举例

早餐 煎蛋吐司

原料： 吐司 1 片，鸡蛋 1 个，香肠、盐、胡椒粉、植物油各适量。

做法： ❶借助工具在吐司中间挖一个洞；香肠切丁。❷平底锅抹油，小火加热，放入吐司，鸡蛋磕入吐司中间，撒上香肠丁。❸盖上锅盖至鸡蛋凝固，撒上盐、胡椒粉即可。

午餐 三丝木耳

原料： 猪瘦肉 100 克，木耳 30 克，甜椒、蒜末、盐、酱油、干淀粉、植物油各适量。

做法： ❶木耳泡发好，洗净，切丝；甜椒洗净，切丝。❷猪瘦肉洗净，切丝，加入酱油、干淀粉腌制 15 分钟。❸油锅烧热，用蒜末炝锅，放入猪瘦肉丝翻炒，再将木耳丝、甜椒丝放入炒熟，加盐调味即可。

晚餐 煎酿豆腐

原料： 南豆腐 200 克，猪肉末 75 克，香菇末、虾仁末、姜末、葱花、生抽、盐、白糖、白胡椒粉、蚝油、水淀粉、植物油各适量。

做法： ❶猪肉末中加香菇末、虾仁末、姜末、生抽、盐、白糖、白胡椒粉拌成馅；南豆腐切厚块，从中间挖长条形坑，填入调好的馅。❷油锅烧热，盛肉馅豆腐面朝下，煎至金黄色，翻面。❸加入蚝油、生抽、白糖、清水，小火炖煮 2 分钟，取出豆腐摆盘。❹剩余汤汁加水淀粉勾芡，收汁，淋在豆腐上，撒上葱花。

早餐 芹菜豆干粥

原料： 糯米、芹菜、豆腐干各50克，盐、香油各适量。

做法： ❶芹菜择洗干净，切丁；豆腐干洗净，切丁。❷糯米洗净，放入锅中，加适量清水煮20分钟。❸放入芹菜丁、豆腐干丁煮熟，加盐调味，淋入香油。

午餐 菠菜鸡煲

原料： 鸡肉200克，菠菜100克，香菇3朵，冬笋、料酒、盐、植物油各适量。

做法： ❶鸡肉洗净，剁成小块；菠菜择洗干净，焯烫；香菇洗净，切块；冬笋洗净，切条。❷油锅烧热，下鸡肉块、香菇块翻炒，放冬笋条、料酒、盐，炒至鸡肉块熟烂。❸菠菜放在砂锅中铺底，将炒熟的鸡肉块、香菇块和冬笋条倒入即可。

晚餐 口水杏鲍菇

原料： 杏鲍菇2根，蒜2瓣，葱3根，甜椒3个，熟芝麻、芝麻酱、酱油、白糖、盐各适量。

做法： ❶杏鲍菇洗净，切片，放入沸水中焯一会儿，之后用盐腌制入味；蒜切成蒜泥；葱洗净，切葱花；甜椒洗净，切碎。❷芝麻酱加入适量水调匀，放入酱油、白糖、盐、蒜泥、甜椒碎搅拌均匀，制成酱料。❸杏鲍菇片沥干水分，加入酱料、葱花和熟芝麻即可。

孕19周 | 孕妈妈行动缓慢，胎宝宝和香瓜一样大

随着肚子越来越大，孕妈妈开始觉得行动不方便了，渐趋频繁的胎动也可能会让孕妈妈夜晚无法入睡。

本周胎宝宝身长大约有 15 厘米，体重约 220 克，和香瓜一样大，交叉腿、屈体、后仰、踢腿、伸腰和滚动，样样精通。

注意事项

1 搭配青椒吃鱿鱼

鱿鱼富含蛋白质、DHA 和多种矿物质，可以促进胎宝宝的大脑发育，对母乳的分泌也有一定的促进作用，孕妈妈可适量吃些鱿鱼。鱿鱼虽不易消化，但青椒含有膳食纤维，并富含鱿鱼缺少的多种营养素，搭配食用，可帮助消化、均衡营养。此外，鱿鱼与木耳搭配，也是不错的选择。

2 要常吃菜花

菜花含有抗氧化防癌症的微量元素，且含有大量的维生素 K，它是血液正常凝固所需的重要维生素。菜花富含的维生素 C，可帮助孕妈妈增强肝脏解毒能力，提高机体的免疫力，并可预防感冒和坏血病的发生。另外，用菜花叶榨汁，煮沸后加入蜂蜜制成糖浆，有止血止咳、消炎祛痰之功效。

3 换换口味吃些野菜

大多数野菜富含植物蛋白、维生素、膳食纤维及多种矿物质，营养价值高，而且污染少。孕妈妈适当吃野菜，不仅可以换一换口味，预防便秘，还可以预防妊娠期糖尿病。

常见野菜有：蕨菜，可清热利尿、消肿止痛；荠菜，可凉血止血、补脑明目、治水肿便血。孕妈妈应根据自身身体状况适量食用。

4 去掉戒指和镯子

孕妈妈在怀孕的时候，皮肤会变得松弛，血液循环也会出现变化，有时候甚至会出现水肿。这样一来，原本合适的戒指或者镯子就会变得紧箍了。如果孕妈妈不及时摘下来的话，长此以往，会造成血液循环不畅。

5 不宜吃过冷的食物

孕5月的胎宝宝感官知觉非常灵敏，对冷刺激也十分敏感。怀孕后孕妈妈的胃肠功能减弱，突然吃进很多冷食物，会使得胃肠血管突然收缩。并且，过冷的食物可能使孕妈妈出现腹泻、腹痛等症状。

6 不宜多吃火腿

火腿本身是腌制食品，含有大量的亚硝酸盐类物质，亚硝酸盐如果摄入过量，就会积蓄在体内不能及时代谢，这会对人体健康造成危害。孕妈妈如果多吃火腿，火腿里的亚硝酸盐还会通过母体进入胎宝宝体内，给胎宝宝的健康发育带来潜在危害。

7 不宜多吃盐

对于重口味的孕妈妈来说，饭菜少盐食不下咽，可孕妈妈要知道，饮食偏咸不仅会加重肾脏负担，还容易加重孕期水肿、引起高血压。但是孕妈妈的饮食也不是越清淡越好，太清淡了也不利于关键营养素的摄取，此时孕妈妈每天摄入6克盐比较适宜。

推荐食材购买清单

肉类	牛肉、猪肉、黄花鱼、鸡肉、三文鱼、带鱼、虾仁等。
蔬菜	胡萝卜、扁豆、菜花、香菇、荠菜、青菜、芹菜、菠菜、西蓝花、木耳、番茄、南瓜、茄子、洋葱、金针菇、四季豆、茭白等。
水果	草莓、苹果、葡萄、火龙果、橘子等。
其他	海带、鸡蛋、黄豆、百合、糯米、核桃、玉米粒、银耳、开心果、燕麦、南豆腐、豆腐干、面条等。

一日三餐举例

早餐 阳春面

原料: 面条 100 克, 洋葱 1 个, 葱花、蒜末、香油、盐、高汤、猪油各适量。

做法: ❶高汤烧开保温; 洋葱去外皮, 洗净切片。❷猪油在锅中融化, 然后放入洋葱片用小火煸出香味, 变色后捞出, 炸出葱油。❸在盛面的碗中放入 1 勺葱油, 放入盐。❹把煮熟的面条挑入碗中, 加入高汤, 淋入香油, 撒上葱花、蒜末即可。

午餐 百合炒牛肉

原料: 百合 150 克, 牛肉 100 克, 甜椒片、盐、酱油、植物油各适量。

做法: ❶百合掰成小瓣, 洗净; 牛肉洗净, 切成薄片放入碗中, 用酱油抓匀, 腌制 20 分钟。❷油锅烧热, 倒入牛肉片, 大火快炒, 马上加入甜椒片、百合瓣翻炒至牛肉全部变色, 加盐调味即可。

晚餐 白灼金针菇

原料: 金针菇 100 克, 生抽、白糖、葱花、植物油各适量。

做法: ❶金针菇去根洗净, 入沸水焯烫 1 分钟, 捞出, 沥干, 装盘。❷生抽加白糖搅拌均匀, 浇在金针菇上, 并撒上葱花。❸油锅烧热, 热油淋在葱花上即可。

早餐 时蔬蛋饼

原料: 鸡蛋2个,胡萝卜、四季豆各50克,香菇、盐、植物油各适量。

做法: ❶四季豆择洗干净,入沸水焯熟,沥干剁碎;胡萝卜洗净,去皮,剁碎;香菇洗净,剁碎。❷鸡蛋打入碗中,加入胡萝卜碎、香菇碎、四季豆碎、盐,打匀。❸油锅烧热,倒入蛋液,在半熟状态下卷起,切成小段即可。

午餐 香煎三文鱼

原料: 三文鱼300克,葱末、姜末、盐、植物油各适量。

做法: ❶三文鱼处理干净,用葱末、姜末、盐腌制。❷平底锅烧热,倒入油,放入腌入味的三文鱼,两面煎熟即可。

晚餐 鱼香茭白

原料: 茭白4根,料酒、醋、水淀粉、酱油、姜丝、葱花、植物油各适量。

做法: ❶茭白去外皮,洗净,切块;料酒、醋、水淀粉、酱油、姜丝、葱花调和成鱼香汁。❷油锅烧热,下茭白块炸至表面微微焦黄,捞出沥干。❸油锅留少量油,下茭白块、鱼香汁翻炒均匀,收汁即可。

孕20周 | 孕妈妈感到胎动，胎宝宝感官发育

孕妈妈能够明显感觉胎宝宝在腹中做滚、蹬、踢的动作，有时，因为胎动强烈甚至会影响睡眠。

从这周起，小家伙的感觉器官进入发育的关键时期，大脑开始划分专门的区域进行嗅觉、味觉、听觉、视觉以及触觉发育。

注意事项

1 要常吃莴笋

莴笋是一种低热量、高营养价值的蔬菜，它含蛋白质、碳水化合物、β－胡萝卜素、B族维生素、维生素C以及钙、钾、铁等矿物质。莴笋中还含有天然的叶酸，孕妈妈多吃莴笋有助于胎宝宝正常发育，可以减少胎宝宝发生神经管畸形的危险。

2 每周吃点山药

山药含有黏蛋白、淀粉酶、皂苷、游离氨基酸、多酚氧化酶等物质，且含量较为丰富，具有滋补作用。山药能增强免疫功能，对细胞免疫和体液免疫都有促进作用。每周吃点山药，补气健脾，让孕妈妈有个好胃口，也可以促进胎宝宝的生长发育。

3 素食孕妈妈补充牛磺酸

牛磺酸与胎宝宝的中枢神经及视网膜的发育有密切的关系。一般情况下，正常的食物摄入基本上可以满足人体对牛磺酸的需要。但是喜爱素食的孕妈妈要注意，因为牛磺酸多分布在动物性食物中，所以要根据所需，并听从医嘱服用牛磺酸强化型的饮品、胶囊等。孕期牛磺酸每日需20毫克，鱼类、肉类中都含有丰富的牛磺酸。

4 每周测量1次宫高

孕妈妈每周要在家自测1次宫高，若连续两三周宫底高度无变化，或宫高明显低于怀孕月份，应及时到医院检查。如果过多高于怀孕月份，也应到医院检查，以排除羊水过多等原因。

5 洗澡水温不宜超过38℃

由于孕妈妈肚皮在增大，皮肤会变得薄且脆弱，会导致皮肤瘙痒，特别是在冬天。因此孕妈妈加强清洁、保持湿润，能有效缓解皮肤干燥和瘙痒。但是，洗澡、洗脸时的水温最好不要超过38℃，水太热会洗掉皮肤表层的油脂，加剧皮肤干燥。洗完澡之后，可用孕妇专用的保湿乳液、橄榄油、维生素E软胶囊、婴儿乳液等来保湿。

6 不宜吃生蚝

很多孕妈妈在怀孕期间对炭烧生蚝青睐有加。但是生蚝里含有大量细菌，处理不干净容易引起病毒感染性腹泻。腹泻对孕妈妈来说是一个危险信号。因为腹泻也可能导致流产，建议孕妈妈怀孕期间不要吃生蚝。如果孕妈妈实在控制不了口腹之欲，要确保将它们做熟了再吃，最好少吃一点。

7 不宜多吃零食

有的孕妈妈喜欢吃零食，边看电视边吃东西，极易导致肥胖。适量吃零食是允许的，但最好选用一些水果、坚果，如核桃、苹果、黑芝麻等食物。少吃高脂肪、高糖分、高热量的零食，如巧克力、炸薯条、重油蛋糕、奶油面包等，这些食物往往还含有人工色素等添加剂，不利于孕妈妈和胎宝宝的健康。

推荐食材购买清单

肉类	牛肉、鸡肉、虾仁、鸡肝、猪肉、排骨、鱿鱼、带鱼、黄花鱼、蛤蜊等。
蔬菜	香菇、豌豆、杏鲍菇、冬瓜、青椒、红椒、金针菇、西蓝花、草菇、青菜等。
水果	火龙果、苹果、樱桃、橙子、芒果、香蕉、草莓、葡萄、火龙果、橘子等。
其他	核桃、鸡蛋、百合、榛子、豆腐、海带、玉米粒、松子、银耳、豌豆、粳米、小米、糙米、牛奶等。

一日三餐举例

早餐 香菇瘦肉粥

原料: 粳米、小米、糙米各20克,猪瘦肉30克,香菇3朵,盐、植物油各适量。

做法: ❶将粳米、小米、糙米分别淘洗干净;猪瘦肉洗净,切丁;香菇洗净,去蒂,切丁。❷油锅烧热,倒入香菇丁爆香后加水煮开,加入洗净的粳米、小米、糙米、猪瘦肉丁,煮至小米开花。❸煮熟后加盐调味即可。

午餐 豌豆炒虾仁

原料: 虾仁100克,豌豆50克,盐、水淀粉、香油、植物油各适量。

做法: ❶豌豆洗净,放入开水锅中,用盐水焯一下。❷油锅烧热,将虾仁入锅,快速划散后倒入漏勺中控油。❸锅里留适量底油,放入豌豆翻炒,再加入盐和少量清水,随即放入虾仁,用水淀粉勾薄芡,将炒锅颠翻几下,淋上香油即可。

晚餐 杏鲍菇炒西蓝花

原料: 杏鲍菇1根,西蓝花100克,牛奶250毫升,植物油、干淀粉、盐、高汤各适量。

做法: ❶把西蓝花、杏鲍菇洗净,西蓝花切小朵,杏鲍菇切片。❷油锅烧热,倒入切好的菜翻炒,加盐、高汤调味,盛盘。❸煮牛奶,加一些高汤、干淀粉,熬成浓汁浇在菜上即可。

早餐 什锦香菇饭

原料： 米饭 1 碗，香菇、草菇、金针菇、杏鲍菇、海苔、洋葱、盐、高汤、植物油各适量。

做法： ❶香菇、草菇洗净，切片；金针菇洗净，切段；杏鲍菇、洋葱洗净，切粒；海苔切丝。❷油锅烧热，爆香洋葱粒，将切好的香菇、草菇、金针菇、杏鲍菇放入锅内炒出香味，加盐、高汤略煮。❸把炒好的香菇带汤汁加入米饭，拌匀，撒上海苔丝。

午餐 双椒里脊丝

原料： 里脊肉 150 克，青椒、红椒、干淀粉、盐、植物油各适量。

做法： ❶里脊肉洗净，切丝，加入干淀粉抓一下；青椒、红椒分别洗净，切丝。❷油锅烧热，加入里脊肉丝，炒至变色。❸再加入青椒丝、红椒丝炒熟，加盐调味。

晚餐 冬瓜蛤蜊汤

原料： 冬瓜 100 克，蛤蜊肉、青菜各 50 克，盐适量。

做法： ❶冬瓜洗净，去皮和瓤，切片；青菜洗净，切段。❷锅内放入冬瓜片，加适量清水煮沸。❸加入蛤蜊肉、青菜段，煮熟后加盐调味即可。

孕21~22周 孕妈妈行动迟缓，胎宝宝长出指甲

孕妈妈不必对妊娠纹和变胖的体态过于忧虑，只要孕期注意控制体重、产后及时进行恢复训练，都能够恢复得很好。

到了孕22周，胎宝宝的身长约19厘米，体重约350克。胎宝宝的手指已经长出了娇嫩的小指甲，眼睛也有了微弱的视力。

注意事项

1 常吃香油增进食欲

香油中含有丰富的不饱和脂肪酸和维生素E，可以促进细胞分裂、延缓衰老、促进胆固醇的代谢，并且有助于消除动脉血管壁上的沉积物，同时还有助于防止便秘，孕妈妈可以常吃。用香油拌菜或菜里加香油调味，还可增进孕妈妈的食欲。

2 搭配鸡蛋吃茼蒿

茼蒿含有膳食纤维、蛋白质及较高的钠、钾等矿物质，能调节体内水液代谢，可消除孕妈妈水肿，有助于促进肠道蠕动，帮助孕妈妈及时排除毒素，达到通腑利肠、预防便秘的目的。茼蒿与鸡蛋一同炒食，可以提高维生素A的吸收利用率，孕妈妈可以常吃。

3 要适量吃鸡肉

鸡肉含蛋白质比例较高，而且消化率高，很容易被人体吸收利用，有增强体力、强壮身体的作用。另外，鸡肉含有对人体生长发育有重要作用的磷脂类，是脂肪和磷脂的重要来源之一。所以，孕妈妈可适量吃鸡肉。

4 要补充热量

孕中期的孕妈妈，每天摄入的热量要比孕前期增加836焦(约200千卡)，大约相当于60克主食所产生的热量，但孕妈妈应该用更加平衡的膳食结构来提供这836焦(约200千卡)的热量，如25克粳米+1个鸡蛋+120克绿色蔬菜，就是很好的搭配选择。这样不仅能提供孕妈妈所需的热量，还能补充其他各种营养素。

5 屋内不宜随便摆放花草

· 产生气味的花草：茉莉、兰花、百合等散发的气味会使孕妈妈气喘烦闷、恶心、缺乏食欲或过度兴奋而导致失眠。

· 耗氧性花草：丁香、夜来香等在进行光合作用时会消耗大量的氧气，从而影响孕妈妈和胎宝宝的健康。

· 易引起过敏的花草：万年青、五色梅、天竺葵、百合花、报春花均有致敏性，碰触、抚摸它们可能会引起皮肤过敏，出现红疹奇痒、皮肤黏膜水肿等症状。

· 有毒花草：一品红、黄杜鹃、夹竹桃、水仙、郁金香、含羞草等都具有毒性，不宜接触。

如果孕妈妈分不清哪些花草适合在房间里摆放，那就选盆最简单的吊兰或绿萝，既可以美化环境，又可以净化空气，还能增加房间内空气的湿度。常用电脑的上班族孕妈妈也可以在电脑桌上放盆绿萝或豆瓣绿，可吸收电脑产生的辐射。

6 不宜单吃红薯

红薯虽然营养丰富、香甜可口，但不宜单独作为主食，孕妈妈应该以面食、米饭等为主，辅以红薯；这样既调节了口味，又不至于对肠道产生副作用。如果只吃红薯，也要搭配着菜或菜汤；这样可以减少胃酸，减轻和消除胃肠的不适感。

7 不宜吃反季节的食物

孕妈妈应根据季节选取进补的食物，少吃反季节食物。比如春季可以适当吃些野菜，夏季可以多补充些水果，秋季食山药，冬季补羊肉等。要根据季节和孕妈妈自身的情况，选取合适的食物进补，要做到"吃得对，吃得好"。

推荐食材购买清单

肉类	虾仁、带鱼、猪肉、牛肉、鳜鱼、鸡肉等。
蔬菜	小白菜、金针菇、胡萝卜、青菜、番茄、南瓜、菠菜、茼蒿、芦笋、香菇、口蘑、草菇、菜花、茄子、黄豆芽等。
水果	雪梨、苹果、猕猴桃、西柚、火龙果、木瓜、草莓、菠萝等。
其他	鸡蛋、黑豆、豌豆、开心果、葵花子、葡萄干、莲子、银耳、豆腐、芋头、面粉、紫菜等。

一日三餐举例

早餐 小白菜锅贴

原料： 小白菜1棵，肉末80克，面粉150克，生抽、盐、葱末、姜末、植物油各适量。

做法： ❶小白菜洗净切碎，挤去水分；肉末中加入白菜碎和所有调料拌匀成馅。❷面粉加水做面皮，包入猪肉小白菜馅。❸平底锅刷油，锅热转小火，将锅贴摆入锅中，盖锅盖，锅贴底面将熟时加少许凉水，再盖锅盖，煎至锅贴底面焦黄即可。

午餐 口蘑肉片

原料： 猪瘦肉70克，口蘑100克，葱末、盐、香油、植物油各适量。

做法： ❶猪瘦肉洗净，切片，加盐拌匀；口蘑洗净，切片。❷油锅烧热，爆香葱末，放入瘦肉片翻炒，再放入口蘑片炒匀，加盐调味，滴几滴香油即可。

晚餐 南瓜紫菜鸡蛋汤

原料： 南瓜100克，鸡蛋1个，紫菜、盐各适量。

做法： ❶南瓜洗净，切块；紫菜泡发，洗净；鸡蛋打入碗内搅匀。❷将南瓜块放入沸水锅内，煮熟透，放入紫菜，煮10分钟，倒入蛋液搅散，出锅前放盐即可。

早餐 胡萝卜菠菜鸡蛋饭

原料： 米饭 100 克，胡萝卜、菠菜各 20 克，鸡蛋 1 个，葱末、盐、植物油各适量。

做法： ❶米饭划散；胡萝卜洗净，切丁；菠菜洗净，焯水后切碎；鸡蛋打成蛋液。❷油锅烧热，放蛋液炒散，盛出备用。❸锅中留底油，放葱末煸香，加入米饭、胡萝卜丁、菠菜碎、鸡蛋翻炒，最后加盐调味。

午餐 草菇烧芋圆

原料： 芋头 120 克，鸡蛋 2 个，草菇 150 克，面粉、面包糠、酱油、盐、葱花、植物油各适量。

做法： ❶芋头去皮洗净，煮熟捣烂成泥；鸡蛋磕入碗中，搅匀；草菇洗净，切块。❷将芋泥与面粉混合，做成丸子，裹上鸡蛋液，蘸面包糠，放入热油锅炸至金黄色，捞出沥油。❸锅洗净，倒油烧热，加入芋圆与草菇块，倒入适量水，加酱油、盐，撒葱花炖煮至熟。

晚餐 清蒸茄泥

原料： 茄子 400 克，芝麻酱、生抽、盐各适量。

做法： ❶茄子洗净，去皮，切长条。❷茄条放入盘中，入蒸锅蒸 20~30 分钟，至茄条软烂。❸用凉开水把芝麻酱化开，放入生抽和盐，做成麻酱汁。❹将调好的麻酱汁淋在茄条上，拌匀压成泥即可。

孕23周 | 孕妈妈有腹胀感，胎宝宝有了微弱视觉

🧑 隆起的腹部，会让孕妈妈的消化系统感觉不舒服。少食多餐，每餐吃七八分饱，饭后散步，都会令你舒服一些。

😊 胎宝宝的身长约有 20 厘米，体重达到 450 克。小家伙的视网膜已经形成，具备了微弱的视觉，会对外界光源做出反应。

注意事项

1 饮食调理舒缓腹胀感

对于孕期的腹胀感，孕妈妈应多吃蔬菜水果等高膳食纤维的食物，以促进肠胃蠕动；每天都应补充充足的水分，并养成每天排便的习惯；在日常饮食中要避免食用如油炸食物、汽水、糯米、泡面等易产气的食物。此外，从右下腹开始，以轻柔力道做顺时针方向按摩，每次 20~30 圈，每天 2~3 次，也可帮助舒缓腹胀感。

2 按时吃工作餐

由于职业的缘故，有些孕妈妈无法保证正常上下班、按时吃饭等，生活变得不规律。为了胎宝宝的健康，孕妈妈一定要按时吃饭。早餐可以在家吃，1 杯牛奶、1 个鸡蛋、1 块全麦面包和 1 小盘蔬菜，就能满足孕妈妈上午对钙和膳食纤维的需要。中午的饭菜要尽量丰富，主食、鱼、肉、蔬菜要合理搭配。

3 逛街回家后及时洗手

爱逛街是女人的天性，但对孕妈妈来说，要多加注意一些细节。孕妈妈应当穿着宽松舒适的衣物和弹性好的运动鞋，最好不要在人流高峰期乘车。商场、超市人多嘈杂，空气流通性不好，不宜在里面停留时间过长。逛完街回家后，孕妈妈要及时洗手、洗脸，将外衣换下，再去整理买回来的东西。

4 使用托腹带

孕 6 月的时候，胎宝宝的体重开始稳定地增加，这个时候建议孕妈妈开始使用托腹带。托腹带不但可以减轻孕妈妈腹部和腰部的重力负担，也可以减轻皮肤向外、向下的延展拉伸，有效地预防妊娠纹。

5 不宜把耳机贴在肚皮上

很多孕妈妈把耳机贴在肚皮上进行音乐胎教，这种做法是绝对错误的。一方面，太大的声音会使胎宝宝感觉到不安；另一方面，过于吵闹会极大地损害胎宝宝的听力系统。胎教音乐的节奏也不能太快，不要有突然的巨响，且每天 1~2 次，每次 10~15 分钟为宜。音量和讲话时的声音差不多即可，不要刻意放大声音。用音响播放时，孕妈妈要和音响保持 1.5~2 米的距离。

6 不宜用开水冲调营养品

研究证明，滋补饮料加温至 60~80℃时，其中大部分营养成分会发生分解变化。如果用刚刚烧开的水冲调，会因温度较高而大大降低其营养价值。不宜用开水冲调的营养品有：孕妇奶粉、多种维生素、葡萄糖等滋补营养品。

7 不宜多吃菠菜

菠菜含有丰富的叶酸，名列蔬菜榜首，而叶酸的最大功能是保护胎宝宝免受脊椎裂、脑积水等神经系统畸形之害。菠菜富含的 B 族维生素，还有助于预防孕妈妈精神抑郁、失眠等常见的孕期并发症。但菠菜含草酸也多，草酸会干扰人体对钙、锌的吸收，引起腿抽筋和腰酸背痛。所以，就算孕妈妈喜欢吃菠菜，也别过多食用。当然，如果把菠菜先焯烫再烹调就会大大减少草酸的摄入了。

推荐食材购买清单

肉类	鸡肉、鳜鱼、带鱼、虾仁、牛肉、鸭肉、鲈鱼、猪肝、猪肉等。
蔬菜	西蓝花、芦笋、番茄、白菜、冬瓜、香菇、油菜、胡萝卜、菠菜、茭白、南瓜、黄瓜、空心菜、春笋、黑木耳、豌豆等。
水果	芒果、苹果、香蕉、猕猴桃、橘子等。
其他	玉米粒、鸡蛋、枸杞子、红枣、核桃、海带、奶酪、牛奶、北豆腐、糙米等。

一日三餐举例

早餐 番茄菠菜鸡蛋面

原料： 番茄、菠菜各 50 克,切面 100 克,鸡蛋 1 个,盐、植物油各适量。

做法： ❶鸡蛋打匀成蛋液；菠菜洗净,焯水后切段；番茄洗净,切块。❷油锅烧热,放入番茄块煸出汤汁,加水烧沸,放入面条,煮熟。❸将蛋液、菠菜段放入锅内,用大火再次煮开,出锅时加盐调味。

扫一扫 轻松学

午餐 自制卤牛肉

原料： 牛腱子肉 800 克,姜、大葱、冰糖、盐、老抽、食用油各适量。

做法： ❶牛腱子肉洗净,入冷水锅焯水撇去浮沫后捞出。❷锅洗净入少许油,放 40 克冰糖,开小火炒糖色,变焦糖色,略微有小气泡时,倒入约 300 毫升的开水,烧开熬成糖水备用。❸牛腱子肉入锅,倒入没过食材的开水,放入 10 克冰糖、切好的姜片、葱段,再倒入糖水、老抽、盐,搅拌均匀。小火慢炖约 2 小时,直至牛肉熟透时取出。❹牛肉切薄片即可食用。

晚餐 香菇炒茭白

原料： 茭白 300 克,香菇 3 朵,盐、植物油各适量。

做法： ❶茭白洗净,切片；香菇洗净,去蒂,切片。❷油锅烧热,加茭白片、香菇片一同翻炒。❸加入盐调味,炒至食材全熟时即可起锅。

早餐 胡萝卜糙米粥

原料： 胡萝卜 50 克，糙米 50 克，盐适量。

做法： ❶胡萝卜洗净，切丁，在锅中煸炒片刻，盛出备用；糙米洗净，浸泡 2 小时。❷锅中放入糙米和适量水，大火烧沸后放入胡萝卜丁，改小火熬煮。❸待粥煮至黏稠时，加盐调味即可。

午餐 鱼香肉丝

原料： 猪瘦肉丝 100 克，春笋 200 克，泡发黑木耳 70 克，胡萝卜半根，姜末、蒜末、葱花、白糖、酱油、醋、盐、干淀粉、植物油各适量。

做法： ❶瘦肉丝加盐和干淀粉调匀；春笋、泡发黑木耳和胡萝卜分别洗净，切丝，焯水。❷白糖、酱油、醋、盐和干淀粉加水调成鱼香汁。❸油锅烧热，下姜末、蒜末炒香，倒入猪瘦肉丝翻炒，加胡萝卜丝、春笋丝和木耳丝煸炒。❹倒入鱼香汁，煮至汤汁黏稠，撒上葱花即可。

晚餐 酸甜豆腐

原料： 北豆腐 2 块，干淀粉、番茄酱、生抽、白糖、植物油各适量。

做法： ❶北豆腐洗净，切成厚约 1 厘米的豆腐块，平底锅入少许油，下入北豆腐块，小火煎至双面金黄取出备用。❷另起锅，挤入番茄酱并倒入适量清水，小火翻炒沸腾。❸调入生抽、白糖，搅拌均匀，再将干淀粉加半碗清水混合，调匀后倒入锅中，搅拌均匀熬至汤汁浓稠。❹取煎好的北豆腐块，淋上汤汁即可。

扫一扫 轻松学

孕24周 | 孕妈妈眼睛不舒服，胎宝宝对声音敏感

孕妈妈腹部越来越沉重，有些孕妈妈会感到眼睛干涩、怕光，脸部会有点肿。这些是孕期正常反应，不必担心。

胎宝宝能听到孕妈妈的说话声、心跳声，对于较大的噪声，会表现出明显的不安，要尽量避免。

注意事项

1 多吃一些全麦食物

全麦制品可以让孕妈妈保持充沛的精力，还能提供丰富的膳食纤维铁和锌。因此，专家建议孕妈妈多吃一些全麦饼干、麦片粥、全麦面包等全麦食品。喜欢吃麦片粥的孕妈妈，还可以根据自己的喜好，在粥里面加入一些牛奶、葡萄干、花生碎或蜂蜜来增加口感。

2 饮食控制血糖

有 60%~80% 的妊娠期糖尿病可以靠严格的饮食控制和运动疗法控制住。如果孕妈妈有妊娠期糖尿病，应注意：少用煎炸的烹调方式，多选用蒸、煮、氽、拌、炖等烹调方式；少食多餐，并控制主食摄入，忌吃含糖量高的水果，多用蔬菜，补充维生素，忌食甜点、含糖零食，保持适当的运动，定期复查，确保血糖回归到正常指标。

3 做妊娠期糖尿病检查

孕 24~28 周是检查妊娠期糖尿病的最佳时期，妊娠期糖尿病对孕妈妈和胎宝宝的健康会造成极大的影响，孕妈妈应进行定期血糖测定，及时进行营养咨询。此项检查一般都是被安排在早上，不同的医院测试方法会有所不同，但基本上都会要求检查前空腹 12 小时。因此，孕妈妈准备去做妊娠糖尿病检查的前一天，晚上 8 点之后就不要吃东西，也不要喝饮料了。

4 穿孕妇专用的弹性袜

孕妈妈专用的弹性袜对缓解静脉曲张症状很有帮助，脚踝处是紧绷的，顺着腿部向上越来越宽松，逐渐减轻腿部受到的压力，使血液更容易向上回流入心脏。早晨起床前，孕妈妈躺在床上就可穿上长袜，防止血液被压迫在下肢。

5 不宜用电吹风吹干头发

孕妈妈洗头发之后要及时把头发擦干，避免着凉而引起感冒。但电吹风吹出的热风含有微量的石棉纤维，可以通过孕妈妈的呼吸道和皮肤进入血液，经胎盘而进入胎宝宝体内，对胎宝宝有不利影响，所以能不用就不要用电吹风。孕妈妈洗完头发可以用干发帽、干发巾。

6 不宜吃肉中的脂肪部分

孕妈妈在烹煮肉前，可以先将带有脂肪的部分处理掉(比如去掉肥肉和家禽的皮)。千万不要嫌麻烦，不然这些脂肪会融进汤里，致使其含有很多的饱和脂肪酸和胆固醇，增加孕妈妈血脂高和血粘稠的概率。

7 不宜过量食用黄豆

黄豆营养丰富，是质优价廉的营养品，但食用黄豆也必须适量，因为黄豆中含有胀气因子，吃多了会产生不良反应，一般每天食用量不要超过 50 克。

推荐食材购买清单

肉类	鸡肉、牛肉、鲈鱼、猪肉、鲫鱼、带鱼、猪肝、虾仁等。
蔬菜	香菇、油菜、白萝卜、茄子、空心菜、豆角、番茄、胡萝卜、芹菜、圆白菜、山药、南瓜、土豆、彩椒、青椒等。
水果	苹果、葡萄、火龙果、菠萝、猕猴桃、香蕉等。
其他	鸡蛋、开心果、百合、海带、葵瓜子、花生、核桃、杏仁、紫薯、松子、玉米粒、豆腐、燕麦、豆腐干、馄饨皮、粳米、芝麻、豆皮等。

一日三餐举例

早餐 萝卜虾泥馄饨

原料: 馄饨皮 15 个,白萝卜、胡萝卜、虾仁各 20 克,鸡蛋 1 个,盐、香油、葱末、姜末、植物油各适量。

做法: ❶白萝卜、胡萝卜、虾仁洗净,剁碎;鸡蛋打成蛋液。❷油锅烧热,放葱末、姜末,下入虾仁碎煸炒,再放入蛋液,划散后盛起放凉。❸把所有馅料混合,加盐和香油,调好馅;包成馄饨,煮熟即可。

午餐 蜜汁豆腐干

原料: 豆腐干 100 克,酱油、冰糖、盐各适量。

做法: ❶豆腐干洗净,放入锅中,加适量水。❷大火煮开后,倒入酱油,加冰糖,小火炖煮。❸待收汁后加盐,晾凉即可。

晚餐 土豆烧鸡块

原料: 鸡块、土豆各 200 克,彩椒、姜片、蒜片、生抽、老抽、米酒、盐、白糖、植物油各适量。

做法: ❶鸡块洗净,加生抽、盐、米酒腌制;彩椒洗净,切块;土豆洗净,去皮切块。❷油锅烧热,爆香姜片、蒜片,放入鸡块急火翻炒。❸再放入土豆块,翻炒后加老抽、白糖,加水煮沸后转小火慢炖,至汤汁浓稠后加入适量盐调味。❹起锅前加入彩椒块,翻炒均匀即可。

早餐 五仁粳米粥

原料： 粳米30克，芝麻、碎核桃仁、碎甜杏仁、碎花生仁、瓜子仁各适量。

做法： 粳米煮成稀粥，加入芝麻、碎核桃仁、碎甜杏仁、碎花生仁、瓜子仁稍煮即可。

午餐 豆皮炒肉丝

原料： 豆皮100克，猪肉80克，青椒2个，葱末、姜末、蒜片、生抽、料酒、醋、白糖、盐、干淀粉、植物油各适量。

做法： ❶猪肉洗净，切丝；豆皮、青椒洗净，切丝。❷猪肉丝放碗里，加葱末、姜末、料酒、生抽、盐和干淀粉抓匀，腌制片刻。❸油锅烧热，放入猪肉丝翻炒，变色后放入蒜片、青椒丝和豆皮丝翻炒片刻，加入醋，继续翻炒。❹最后调入生抽和白糖翻炒均匀即可。

晚餐 地三鲜

原料： 茄子、土豆、青椒各1个，葱花、蒜末、白糖、盐、水淀粉、植物油各适量。

做法： ❶茄子洗净，切成滚刀块；青椒去蒂、去籽，洗净，切成大块；土豆去皮，洗净，切块。❷油锅烧热，放入土豆块和茄子块，炒至金黄，捞出控油。❸锅内留底油，爆香葱花、蒜末，放入青椒块翻炒，再放入土豆块、茄子块翻炒，调入白糖、盐，倒入水淀粉勾芡即可。

扫一扫 轻松学

孕25周 | 孕妈妈妊娠纹明显，
胎宝宝大脑迅速发育

不断长大的肚子对腰腿部位的压力增大，引起的疼痛继续加剧，孕妈妈脸上和身上的斑纹也更加明显。

胎宝宝的体重稳定增长，本周大约有 600 克了。小家伙的脑细胞迅速增殖分化，体积增大，进入大脑发育的高峰期。

注意事项

1 适量增加植物油的摄入

本月是孕中期的最后时期，胎宝宝身体和大脑发育速度加快，对脂质及必需脂肪酸的需求增加，孕妈妈应适当增加植物油的摄入，还要多吃些健脑的食品，如海鱼、核桃、芝麻、花生、亚麻籽等。但要控制每周的体重增加要在 350 克左右，以不超过 500 克为宜。

2 要重视加餐质量

进入孕 7 月，胎宝宝通过胎盘吸收的营养是孕早期的五六倍，除了正餐要吃好之外，加餐的质量也要给予重视。加餐一般需要有一点主食作为基础，比如全麦面包和燕麦片，可以适当喝一些牛奶，也可以吃一些新鲜的水果。考虑到宝宝的大脑发育，还应吃些坚果，如核桃、松子、榛子、花生、板栗等。时间上可以随意一些，每天吃 1 次，每次吃 1 小把或几颗就可以了。要注意的是，加餐切不可代替正餐。

3 吃对食物防焦虑

食物是影响情绪的一大因素，选对食物的确能提神、安抚情绪，改善忧郁、焦虑等症状。孕妈妈不妨在孕期多摄取富含 B 族维生素、维生素 C、镁、锌、钾的食物，通过饮食的调整来达到抗压及抗焦虑的功效。可以预防孕期焦虑的食物有：深海鱼、鸡蛋、牛奶、优质肉类、空心菜、菠菜、番茄、豌豆、红豆、香蕉、梨、木瓜、香瓜和坚果类、谷类、柑橘类等。

4 拍张美美的大肚照

很多孕妈妈都特别渴望拍美美的大肚照，但是只有 7 个月以后肚子才能又圆又大，拍出来才好看。拍大肚照的最佳时间是孕 7~8 月。孕妈妈可以先浏览一下网上的大肚照，提前策划要怎么拍。事先要和客服人员沟通并预定时间，选人少的日子去拍比较好，这样不会久等。

5 不宜和人争吵

胎宝宝喜欢孕妈妈说话时语调平和、温暖，而当孕妈妈和别人争吵甚至沮丧时，他也会焦躁不安，因此孕妈妈在与别人争吵前，一定要多多考虑一下腹中宝宝的感受。

6 不宜多吃甘蔗

甘蔗中含有大量的蔗糖，孕妈妈大量摄入后，蔗糖会进入胃肠道消化分解，使孕妈妈体内的血糖浓度增高。同时，过多蔗糖的摄入，会导致孕妈妈发胖，还会影响孕妈妈对其他营养素的摄入，导致营养不均衡。

7 不宜过量吃海鱼

海鱼可以为孕妈妈和胎宝宝提供优质蛋白、DHA、碘等很多孕期所需的营养素。但近年来由于全球性的海洋污染，很多海域中存在汞等重金属超标的问题。若吃太多这类被污染的海鱼，会造成汞的摄入超标。所以现在有很多专家建议，每周吃海鱼不超过1次。建议孕妈妈在选择鱼时按多样化的原则，不同种类的鱼轮流选用。这样既可以提供多样的营养素，又可以减少摄入污染物的可能性。

推荐食材购买清单

肉类	排骨、虾仁、鸡肉、鲫鱼、牛肉、带鱼、鲈鱼、黄花鱼、猪肉、三文鱼、培根、虾米等。
蔬菜	南瓜、萝卜、青菜、娃娃菜、番茄、香菇、草菇、金针菇、芦笋、油菜、莲藕、菠菜、西蓝花、洋葱、胡萝卜、莴笋、山药、菜花、黄瓜、小番茄等。
水果	苹果、草莓、香蕉、猕猴桃、橙子、木瓜、雪梨等。
其他	鸡蛋、开心果、核桃、红豆、豆腐、榛子、燕麦、牛奶、松子、吐司、粳米等。

一日三餐举例

早餐 吐司小比萨

原料： 吐司 1 片，小番茄 3 个，西蓝花 1/4 棵，洋葱 1/4 个，马苏里拉奶酪 15 克，比萨酱适量。

做法： ❶小番茄洗净，对半切开；西蓝花洗净，掰成小朵；洋葱洗净，切圈。❷吐司一面均匀刷上比萨酱，撒上马苏里拉奶酪，铺上小番茄、西蓝花和洋葱圈，再撒上少许马苏里拉奶酪。❸烤箱预热至200℃，放入吐司小比萨，烤8~10分即可。

午餐 培根莴笋卷

原料： 莴笋 200 克，培根 100 克，盐、料酒、酱油、白糖各适量。

做法： ❶莴笋去皮，洗净，切条，加盐焯熟。❷培根用料酒、酱油、白糖腌制片刻。❸用培根将莴笋条卷起来，用牙签串起，在烤箱中烤熟即可。

晚餐 奶油娃娃菜

原料： 娃娃菜 1 棵，牛奶 100 毫升，高汤、干淀粉、植物油、盐各适量。

做法： ❶娃娃菜洗净，切小段；牛奶中倒入干淀粉中搅匀。❷油锅烧热，倒入娃娃菜，再加些高汤，烧至七八成烂。❸倒入调好的牛奶汁，加盐，再烧开即可。

早餐 香菇蛋花粥

原料： 粳米30克，香菇3朵，鸡蛋1个，虾米、植物油各适量。

做法： ❶香菇洗好，去蒂，切片；鸡蛋打成蛋液；粳米洗净。❷油锅烧热，放入香菇片、虾米，大火快炒至熟，盛出。❸将粳米放入锅内，加入适量清水，大火煮至半熟，倒入炒好的香菇片、虾米，煮熟后淋入蛋液，稍煮即可。

午餐 清蒸黄花鱼

原料： 黄花鱼1条，料酒、姜片、葱段、盐、植物油各适量。

做法： ❶黄花鱼处理干净，用盐、料酒腌制10分钟，将姜片铺在鱼上，放入锅中用大火蒸熟。❷姜片拣去，腥水倒掉，然后将葱段铺在鱼上。❸油锅烧热后，热油浇到鱼盘的葱段上即可。

晚餐 芦笋鸡丝汤

原料： 芦笋100克，鸡肉50克，金针菇20克，鸡蛋1个，高汤、干淀粉、盐、香油各适量。

做法： ❶鸡肉洗净，切丝，用鸡蛋清、盐、干淀粉拌匀腌20分钟。❷芦笋洗净，切段；金针菇洗净。❸锅中放入高汤，加鸡肉丝、芦笋段、金针菇同煮，待沸后加盐，淋上香油即可。

孕26周 | 孕妈妈**睡眠变差**, 胎宝宝**睁开了眼睛**

孕妈妈身体越来越累，睡眠质量也变差了。这是一种普遍现象，放宽心态，为胎宝宝的健康发育保持良好情绪。

胎宝宝的体重又增加了150克，大约重750克了。本周是胎宝宝听力和视力发育的重要时期，小家伙第1次睁开了眼睛。

注意事项

1 每天1把葵花子即可

葵花子富含亚油酸，可促进胎宝宝大脑发育，同时含有大量维生素E，可促进胎宝宝血管生长、发育。所以，孕妈妈可适当吃些葵花子，在闲的时候可以嗑1小把，每天1次即可。

2 增加谷物和豆类摄入量

从现在到分娩，孕妈妈应该增加谷物和豆类的摄入量，以每日350~450克为宜。富含膳食纤维的食品中B族维生素的含量很高，对胎宝宝大脑的生长发育有重要作用，而且可以预防孕妈妈便秘。比如全麦面包及其他全麦食品、豆类食品、粗粮等，孕妈妈都可以多吃一些。

3 睡软硬适中的床

孕中期，孕妈妈腰背部肌肉和脊椎压力都较大，不适合睡太软的床，孕妈妈可选择软硬适中的床。如果是木板床，可在床上垫厚薄适宜的海绵垫，以床垫总厚度不超过9厘米为宜。

4 每天按摩乳头

孕妈妈乳头会比较娇嫩、脆弱，在哺乳的时候往往经受不住婴儿的反复吮吸，感到疼痛或者奇痒无比。为了预防这种情况的发生，孕妈妈可以每天用温水和干净的毛巾擦洗乳头1次，注意要将乳头上积聚的分泌物结痂擦洗干净，然后在乳头表面擦一点婴儿油并轻轻地按摩，这样可以增强皮肤的弹性和接受刺激的能力。

5 不宜使用口红

平时用的口红是由各种油脂、蜡质、颜料和香料等成分组成的，其中油脂通常采用羊毛脂。羊毛脂除了会吸附空气中各种对人体有害的重金属元素，还可能吸附有害菌类，使其进入体内。所以不建议孕妈妈使用口红，以免把有害物质吃进肚子里。

6 不宜多吃荔枝

从中医角度来说，怀孕之后，孕妈妈体质偏热，阴血往往不足。荔枝同桂圆一样也是热性水果，过量食用容易产生便秘、口舌生疮等上火症状，而且荔枝含糖量高，易引起血糖波动，导致胎儿巨大。所以，孕妈妈不要吃太多荔枝，1 次不宜超过 6 颗。

7 妊娠高血压不宜多吃盐

妊娠高血压的发生和饮食的关系十分密切，高血压孕妈妈应少吃或不吃动物脂肪和胆固醇含量较高的食物，如动物油、动物内脏、黄油、蛋黄、鱼肝油、螃蟹等。同时，要严格控制食盐的摄入量，轻者可控制在每天 2 克左右，重者每天不可超过 2 克，甚至不放盐。此外，早上醒来之后，要喝 1 杯温开水，避免血液黏稠时就开始一天的活动。

推荐食材购买清单

肉类	排骨、虾仁、牛肉、鲫鱼、鲈鱼、黄花鱼、鸡肉、鸭肉、鱼丸、猪肉、带鱼、海米等。
蔬菜	南瓜、豆芽、番茄、青菜、冬瓜、金针菇、胡萝卜、茄子、白菜、莲藕、芋头、芹菜、莴笋、土豆、洋葱、西蓝花等。
水果	香蕉、哈密瓜、草莓、橙子、苹果、葡萄、芒果等。
其他	鸡蛋、燕麦、豆腐、榛子、黑豆、板栗、银耳、松子、海带、糙米等。

一日三餐举例

早餐 青菜海米烫饭

原料： 米饭 100 克，海米 20 克，青菜、盐、香油各适量。

做法： ❶海米提前浸泡 2 小时；青菜洗净，放入加入香油的沸水中焯熟，过凉水，沥干，切碎。❷清水煮沸，倒入米饭，转小火至米粒破裂，放入青菜碎、海米，加盐调味，淋上香油即可。

午餐 酥香茄盒

原料： 茄子 1 根，猪瘦肉 200 克，鸡蛋 2 个，姜、盐、生抽、干淀粉、面包糠各适量，植物油少许。

做法： ❶猪瘦肉剁成肉末；姜洗净，切末。猪肉末中放入姜末、盐、生抽，搅拌上劲。❷茄子洗净，先切厚约 2 厘米的茄片，不要切断，用来放置肉馅；再切同等厚度的茄片，并且切断。取适量肉馅放入茄盒中，轻轻压扁。❸鸡蛋打成蛋液，将茄盒正、反两面裹上干淀粉后，裹上蛋液，再裹上一层面包糠，放入油锅炸至金黄即可。

扫一扫 轻松学

晚餐 时蔬鱼丸

原料： 洋葱、胡萝卜、鱼丸、西蓝花各 30 克，盐、白糖、酱油、植物油各适量。

做法： ❶洋葱、胡萝卜分别去皮，洗净，切丁；西蓝花洗净，掰小朵。❷油锅烧热，倒入洋葱丁、胡萝卜丁，翻炒至熟，加水烧沸，放入鱼丸、西蓝花，熟后加盐、白糖、酱油调味。

早餐 黑豆饭

原料: 黑豆 30 克, 糙米、大米各 20 克。

做法: ❶黑豆、糙米、大米分别淘洗干净, 提前一晚浸泡。❷黑豆、糙米、大米加水, 倒入电饭煲焖熟即可。

午餐 板栗烧牛肉

原料: 牛肉 150 克, 板栗 6 颗, 姜片、葱段、盐、料酒、植物油各适量。

做法: ❶牛肉洗净, 入开水锅中焯透, 切成块; 板栗大火煮沸, 捞出去壳去皮, 切小块; 油锅烧热, 下板栗炸 2 分钟, 再将牛肉块炸一下, 捞起, 沥去油。❷锅中留适量底油, 下入葱段、姜片, 炒出香味时, 下牛肉块、盐、料酒、清水。❸当锅沸腾时, 撇去浮沫, 改用小火炖, 待牛肉炖至将熟时, 下板栗块, 烧至牛肉熟烂、板栗酥时收汁即可。

晚餐 香芋南瓜煲

原料: 芋头、南瓜各 150 克, 椰浆 250 毫升, 蒜、姜、盐、白糖、植物油各适量。

做法: ❶芋头、南瓜削皮, 洗净, 切大小适中的菱形块; 蒜、姜洗净, 切片。❷油锅烧热, 爆香蒜片和姜片, 倒入芋头块和南瓜块, 小火翻炒 1 分钟左右。❸倒入半碗清水, 加入椰浆、盐、白糖, 煲滚后转小火继续煮 20 分钟, 至芋头和南瓜软烂即可。

孕27~28周 | 孕妈妈便秘加重，胎宝宝能分辨味道

胎宝宝的体重增加会让孕妈妈的后背受压，引起后背和腿部的剧烈疼痛。因为子宫胀大压迫肠道，便秘可能会加重。

小家伙的气管和肺部还未发育完全，但是呼吸动作仍在继续。胎宝宝舌头上的味蕾已经可以分辨甜味和苦味了。

注意事项

1 食用红色蔬菜

红色蔬菜一般是指红色或偏红色的蔬菜，主要含有丰富的 β-胡萝卜素，比如番茄、胡萝卜、红苋菜等。β-胡萝卜素在人体内可转化成维生素A，它不仅有利于胎宝宝视力的发育，还可帮助孕妈妈养护肌肤，预防、缓解便秘。

2 饮食调理减轻便秘

有数据表明，有半数左右的孕妈妈经历过便秘痛苦。禁辛辣食物，多吃富含膳食纤维的食物，如苹果、萝卜、香蕉、豆类等；每日至少喝1500毫升水，让体内水分充分是减轻便秘的重要方法。平时多活动，可增强胃肠蠕动，睡眠充足、心情愉快等都是减轻便秘的好方法。

3 准备宝宝用品

从孕中期开始，孕妈妈就可以开始准备一些宝宝用品了。孕妈妈在买东西之前，最好向有经验的妈妈取经。如果方便，最好多请教几位妈妈，综合她们的意见，买真正需要的东西。宝宝长得快，那些小衣服小鞋子很快就穿不上了，小号的奶嘴、纸尿裤也会很快过渡到中号或大号，加上季节更替，一个品种备多了，用不上反而浪费。

4 开始上孕产课

孕妈妈从孕7~8月开始，可以去上一个关于孕产的课程。了解得越多，会让自己越自信，这也是与其他孕妈妈交流的好时机。一般社区的医院或妇幼保健院都有孕妇课堂，孕妈妈也可以在网上查找本地区的哪些母婴中心有这种课程，或者让那些生过宝宝的妈妈帮忙推荐。最好找一个离家较近的地方，孕妈妈可以根据自己的时间选择课程。

5 不宜喝糯米甜酒

糯米甜酒和一般酒一样，都含有一定浓度的酒精，只是酒精浓度不如一般酒高。但即使是微量酒精，也会毫无阻挡地通过胎盘进入胎宝宝体内，容易使胎宝宝大脑细胞的分裂受到影响，可能会影响到胎宝宝的智力发育。所以，孕妈妈不宜饮用含有酒精的饮品，糯米甜酒也要慎饮。

6 不宜光吃菜

许多孕妈妈认为菜比饭更有营养，所以常常多吃菜而少吃饭，这种观点是有误区的。菜和饭都是孕妈妈获取营养素的重要来源，只是各自的侧重点有所不同。米、面等主食，是能量和碳水化合物的主要来源，孕中期和孕晚期每天应该摄入足够量的米、面及其制品。

7 不宜吃油腻的食物

在妊娠过程中，孕妈妈消化功能有所下降，抵抗力减弱。如果出现腹泻，会损失大量的营养素，而且肠蠕动容易刺激子宫，引起流产。因此，最好的预防方法是多食用新鲜卫生、易消化的食物，不吃过于油腻的食物。

推荐食材购买清单

肉类	鲈鱼、羊肉、牛肉、猪肉、虾仁、带鱼、鱿鱼、鸡肉等。
蔬菜	菠菜、山药、番茄、紫菜、土豆、茄子、西蓝花、香菇、青菜、木耳、西葫芦、芦笋、口蘑、丝瓜、金针菇、空心菜、胡萝卜、甜椒等。
水果	葡萄、香蕉、柠檬、草莓、火龙果、菠萝、梨等。
其他	鸡蛋、燕麦、豆腐、开心果、核桃、杏仁、松子、玉米粒、豌豆、红枣、红豆、葡萄干、榛子、粳米等。

早餐 什锦麦片

原料： 即食燕麦片 100 克，核桃 50 克，杏仁、葡萄干、榛子各 20 克，白糖、植物油各适量。

做法： ❶榛子、杏仁、核桃、葡萄干剁碎，放入锅中干炒，炒至出香盛出备用。❷油锅烧热，翻炒即食燕麦片至变色，加入白糖继续翻炒，翻炒至褐色，加入坚果碎，翻炒均匀放凉密封。❸麦片随吃随取，用热牛奶冲泡即可。

午餐 蒸鸡蛋

原料： 鸡蛋 2 个，葱花、生抽、盐各适量。

做法： ❶碗中打入鸡蛋，用筷子划散成细滑的蛋液。❷凉开水以 2：1 的比例倒入蛋液中，边倒边搅拌，加适量盐，搅拌均匀后将蛋液过筛倒入碗中。用勺将蛋液表面的浮沫刮掉，盖上保鲜膜。❸蒸锅中倒入适量水，烧开后放入蛋液，中火蒸 10 分钟出锅，调入适量生抽，撒上葱花即可。

扫一扫轻松学

晚餐 西蓝花拌黑木耳

原料： 西蓝花 200 克，泡发黑木耳、胡萝卜各 20 克，蒜末、生抽、陈醋、白糖、盐、香油、植物油各适量。

做法： ❶泡发黑木耳洗净，撕小朵；西蓝花切小朵，入盐水浸泡，捞出洗净；胡萝卜洗净，去皮，切丝；生抽、陈醋、白糖、香油、蒜末调成料汁。❷清水加植物油、盐烧开，分别焯烫黑木耳、西蓝花、胡萝卜丝，捞出过凉，沥干。❸将食材摆盘，淋上料汁，拌匀即可。

早餐 菠菜鸡肉粥

原料： 菠菜 150 克，鸡肉、粳米各 30 克，盐适量。

做法： ❶粳米洗净；菠菜洗净，沸水中焯熟，切成段；鸡肉洗净，切丁。❷锅中放入粳米和适量的水，大火煮沸后改小火熬煮。❸待粥煮至黏稠时，放入鸡肉丁，煮熟；加入菠菜段，最后用盐调味即可。

午餐 松子玉米

原料： 玉米粒 150 克，豌豆 50 克，胡萝卜 1 根，松子 5 克，盐、植物油各适量。

做法： ❶玉米粒洗净；豌豆洗净；胡萝卜洗净，切丁。❷油锅烧热，下松子翻炒片刻，取出冷却。❸油锅中加玉米粒、豌豆、胡萝卜丁翻炒，出锅前加盐调味，撒上熟松子即可。

晚餐 芦笋口蘑汤

原料： 芦笋 4 根，口蘑 10 朵，甜椒 2 个，葱花、盐、香油、植物油各适量。

做法： ❶将芦笋洗净，切成段；口蘑洗净，切片；甜椒洗净，切菱形片。❷油锅烧热，下葱花煸香，放芦笋段、口蘑片、甜椒片略炒，加适量清水煮 5 分钟，再放入盐调味。❸最后淋上香油即可。

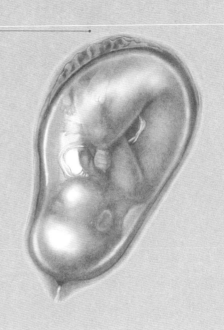

- 孕29周，胎宝宝的眼睛已发育完全
- 孕30周，能通过声音分辨孕妈妈和准爸爸了
- 孕33周到分娩，是胎宝宝智力发育的重要阶段
- 孕36周，胎毛逐渐消退，皮肤有了光泽

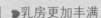

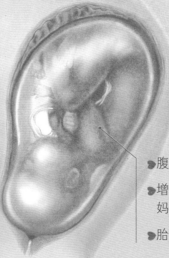

- 乳房更加丰满
- 乳腺明显扩张
- 有少量乳汁分泌，孕妈妈要用手挤出

- 腹部隆起极为明显，肚脐凸出
- 增大的子宫顶到胸膈膜，使孕妈妈总觉得呼吸急促
- 胎位下降，开始出现无规律的假宫缩

孕晚期

经过了不长不短的安稳、平静之后，孕妈妈和胎宝宝终于走到了孕晚期。从现在起到分娩只有2个多月了，是不是有一种马上要见到曙光的感觉呢？不过，更大的考验还在后面。孕妈妈要保持良好心态，合理饮食，相信自己一定能孕育出健康的宝宝！

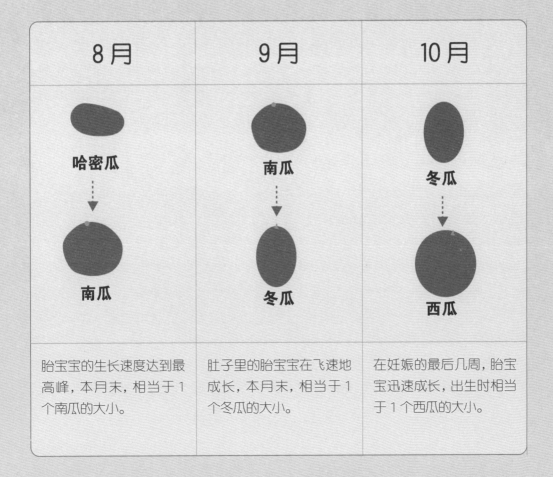

8 月	9 月	10 月
哈密瓜 ↓ 南瓜	南瓜 ↓ 冬瓜	冬瓜 ↓ 西瓜
胎宝宝的生长速度达到最高峰，本月末，相当于1个南瓜的大小。	肚子里的胎宝宝在飞速地成长，本月末，相当于1个冬瓜的大小。	在妊娠的最后几周，胎宝宝迅速成长，出生时相当于1个西瓜的大小。

孕29周 | 孕妈妈出现假宫缩，胎宝宝会眨眼了

👩 孕妈妈身体更加笨重，走路时身体后仰，看不到脚，有时候，会觉得肚子一阵阵地发紧，这是假宫缩，属于正常现象。

👶 本周，胎宝宝重约 1.1 千克，身长约 38.5 厘米。小家伙的视觉发育已经相当完善，能辨认和跟踪光源了，还会眨眼呢。

注意事项

1 不同种萝卜换着吃

白萝卜中含有钙、铁、维生素 C、叶酸等，这些都是孕妈妈和胎宝宝必需的营养。胡萝卜富含 β – 胡萝卜素，可以预防夜盲症，也可以促进胎宝宝的视力发育。青萝卜富含维生素 C，能干扰黑色素的形成，预防色素沉淀，保持皮肤白皙，它还能促进孕妈妈机体代谢，提高免疫力。因此，萝卜对孕妈妈来说是一种营养丰富的食物。

2 每次 1 勺芝麻酱

芝麻酱中含有丰富的蛋白质、钙、铁、磷、维生素 B_2 等，这些都是孕妈妈及胎宝宝生长发育所需的营养素。每 100 克纯芝麻酱含铁量高达 58 毫克，是猪肝含铁量的 2 倍、鸡蛋黄的 6 倍；每 100 克纯芝麻酱中还含钙 870 毫克。孕妈妈在膳食中适量增加芝麻酱的摄入，可帮助补充铁。孕妈妈早餐吃面包时，可配上 1 勺芝麻酱。

3 要继续补铁

在现阶段，孕妈妈每天所需的铁量为 20~30 毫克，补铁的同时补充维生素 C，可促进铁的吸收。蔬菜中的植酸、草酸，以及茶、咖啡都会抑制孕妈妈对铁的吸收，补铁的时候，要避免和这些食物一同烹制和食用。

4 区分真假宫缩

孕 29 周左右，孕妈妈就会出现假宫缩的现象。假宫缩一般没有规律，程度时弱时强，时间间隔也不会越来越短。宫缩的疼痛部位通常只在前方，不会引起宫颈口张开。而真正的宫缩会从不规律慢慢变得有规律，强度会越来越强，持续时间会加长，间隔时间会越来越短。如刚开始间隔时间 10~15 分钟，持续 10 秒左右，慢慢就会变成间隔 2~3 分钟，持续 50~60 秒。这就是真的宫缩，表示即将分娩。

5 不宜吃蜜饯

当没有食欲的时候，一些孕妈妈会通过食用蜜饯来刺激味觉，这种做法是不合适的。因为蜜饯大多含有大量的糖分、添加剂和防腐剂，过多食用会对孕妈妈的身体造成危害。比如长期过量摄入人工色素，会对肝脏和肾脏带来危害；二氧化硫会破坏人体内的维生素B_1，引发哮喘、支气管痉挛等。所以，孕妈妈最好别吃蜜饯一类的食物。

6 每天吃坚果不宜超过 20 克

坚果中含有丰富的矿物质和坚果油，对身体健康极有好处，但由于孕妈妈在孕晚期消化功能相对变弱，而坚果中丰富的油脂不利于消化，孕妈妈吃太多坚果容易引起消化不良，因此宜少吃，每天食用坚果以不超过 20 克为宜。

7 不宜营养过剩

孕晚期孕妈妈如果摄入过多的热量，可能会导致葡萄糖耐受异常，糖代谢紊乱，引发妊娠期糖尿病，还有可能增加妊娠高血压综合征发生的风险，直接导致分娩困难。如果孕妈妈身体是健康的，就没有必要盲目乱补。平时所吃食物尽量多样化，多吃一些新鲜蔬菜，少吃高盐、高糖食物。高糖水果也要控制，不宜多吃。

推荐食材购买清单

肉类	牛肉、猪肉、鳜鱼、鸡肉、牡蛎、盐水鸭肝、排骨、带鱼、黄花鱼、虾仁、鱿鱼、鸡腿等。
蔬菜	白萝卜、香菇、油菜、番茄、茼蒿、土豆、白菜、空心菜、冬瓜、芥菜、芹菜、南瓜、竹笋、洋葱、青椒、彩椒等。
水果	苹果、橙子、菠萝、香蕉、猕猴桃等。
其他	鸡蛋、豆腐、豆腐干、开心果、玉米粒、莲子、板栗、核桃、馒头、黑芝麻、粳米等。

一日三餐举例

早餐 蛋煎馒头片

原料： 馒头1个，鸡蛋2个，黑芝麻、植物油各适量。

做法： ❶馒头切片；鸡蛋打散。❷馒头片用蛋液包裹。❸油锅烧热，放入馒头片，撒上黑芝麻，双面煎至金黄色即可。

午餐 芹菜竹笋肉丝汤

原料： 芹菜100克，竹笋、肉丝、盐、干淀粉、高汤、料酒各适量。

做法： ❶芹菜择洗干净，切段；竹笋洗净，切丝；肉丝用盐、干淀粉腌制5分钟。❷高汤倒入锅中煮开后，放入芹菜段、笋丝，加适量清水煮至芹菜变软，再加入肉丝。❸待汤煮沸加入料酒，肉丝熟透后加入盐调味即可。

晚餐 黑椒鸡腿

原料： 去骨琵琶腿3个，香菇片、洋葱丁、青椒丁、葱花、姜片、蒜片、黑胡椒、生抽各适量。

做法： ❶去骨琵琶腿洗净，用葱花、姜片、蒜片、生抽腌制。❷去除去骨琵琶腿表面水分，鸡皮向下放入无油热锅，小火煎至金黄色，翻面煎至变色，加入黑胡椒，利用鸡油炒香。❸油锅加水，大火烧开，中火炖煮，放入香菇片、洋葱丁、青椒丁，收汁关火，去骨琵琶腿盛出切条即可。

早餐 南瓜油菜粥

原料：粳米30克，南瓜半个，油菜2棵，盐适量。

做法：❶南瓜去皮，去瓤，洗净，切成小丁；油菜洗净，切丝；粳米淘洗干净。❷锅中放粳米、南瓜丁，加适量水煮熟，最后加油菜丝、盐略煮即可。

午餐 凉拌豆腐干

原料：豆腐干100克，葱花、香菜、盐、香油各适量。

做法：❶豆腐干洗净，切成细条；香菜洗净，切小段。❷将豆腐干条与葱花、香菜段混合，再加盐、香油拌匀即可。

晚餐 豆豉鱿鱼

原料：鱿鱼1条，豆豉酱、青椒、红椒、葱段、姜片、蒜片、植物油、盐各适量。

做法：❶鱿鱼去内脏、眼、嘴，撕黑膜，内层切花刀，切片；青椒、红椒洗净，切片。❷鱿鱼入沸水锅，焯至变白卷起，捞出沥干。❸油锅烧热，爆香葱段、姜片、蒜片，加入豆豉酱翻炒均匀，放入青椒片、红椒片、鱿鱼，大火翻炒至变色，加盐调味即可。

孕30周 | 孕妈妈**脾气变差了**，胎宝宝**骨骼变硬了**

这一时期，孕妈妈的情绪可能会再次产生波动，或者感到越来越焦虑和烦躁，你可以和家人多交流交流。

本周，胎宝宝大概有 37 厘米长，体重约 1.5 千克。胎宝宝的骨髓开始造血，骨骼也开始变硬。

注意事项

1 出门要躲车躲人

在孕晚期，建议孕妈妈尽量少出门，因为随时都有破水的可能。如果一定要出去的话，就要时刻关注肚子里的胎宝宝。走在路上时，注意用手护住肚子，或者在胸前挎一个包，用来挡住肚子，并时刻留心，不要让过往的人撞到自己。在等车时，孕妈妈要尽量远离站台边缘。上车时，不要和别人争抢，等其他人上完后再慢慢上车。

2 注意胎位

这时的胎宝宝，可以自己在孕妈妈的肚子里变换体位。有时头朝上，有时头朝下，还没有固定下来。最后，大多数胎宝宝都会因头部较重，而以头朝下就位。如果需要纠正的话，产前体检时医生会给予你适当的指导。

3 要常吃金针菇

金针菇含有蛋白质、铁、钙、维生素等营养成分，尤其是它所含的蛋白质，大部分为有健脑益智功效的赖氨酸。孕妈妈适量食用金针菇，对胎宝宝的大脑发育十分有益。

4 要常吃茭白

茭白富含蛋白质、碳水化合物、膳食纤维、B 族维生素及钙、铁、锌、钾等营养成分，有清热解毒、解暑消渴的作用。孕妈妈适量食用一些茭白，可以预防妊娠高血压综合征和妊娠水肿。搭配着猪肉一起食用，能够获得更加均衡的营养。

5 不宜多吃洋葱

洋葱含有多种营养素,能抗寒,也能抵御流感病毒,具有较强的杀菌作用。但洋葱比较辛辣,肠胃不适的孕妈妈不宜生吃。同时因为洋葱性温,孕妈妈也最好不要多吃,以免生痔疮。

6 不宜多吃山竹

山竹果肉富含膳食纤维、碳水化合物、维生素及镁、钙、磷、钾等矿物质。中医认为其有清热降火、减肥润肤的作用。但山竹同时也含有鞣酸,过多食用会引起便秘。孕妈妈如果吃山竹,一定要注意数量,每天以不超过3个为宜。

7 不宜吃刺激性食物

刺激性食物不单单是辣味食物,还包括各种辛辣刺激调味品,如葱、姜、蒜、辣椒、胡椒粉、咖喱,以及咖啡、浓茶、碳酸饮料和寒凉的食物。在孕期,孕妈妈的身体变得很敏感,再加上抵抗力较差,应该注意远离这些刺激性食物。

推荐食材购买清单

肉类	鳝鱼、带鱼、排骨、虾仁、鲈鱼、鸡肉、黄花鱼、羊排、牛肉等。
蔬菜	番茄、茄子、草菇、杏鲍菇、山药、黄瓜、空心菜、圆白菜、胡萝卜、芥蓝、油菜、生菜、西蓝花、黄豆芽、土豆、莲藕、香菇、菠菜、芹菜、金针菇、茭白等。
水果	草莓、猕猴桃、橙子、苹果等。
其他	海带、鸡蛋、红薯、豆腐、红枣、花生、开心果、燕麦、芋头、面粉、饺子皮、枸杞子等。

早餐 番茄面疙瘩

原料： 番茄 2 个，鸡蛋 1 个，面粉 100 克，盐、植物油各适量。

做法： ❶番茄洗净，去皮，切碎；面粉加清水搅拌成面糊；鸡蛋打散。❷油锅烧热，放入番茄碎翻炒至出汤。❸加清水煮沸，边搅拌边加入面糊，再次煮沸，加入打散的鸡蛋，加盐调味即可。

午餐 黄花鱼豆腐煲

原料： 黄花鱼 1 条，香菇 4 朵，笋片 20 克，豆腐100 克，高汤、料酒、盐、白糖、香油、水淀粉、植物油各适量。

做法： ❶将黄花鱼处理干净，切成两段。❷豆腐切小块；香菇洗净，切片。❸黄花鱼段放入油锅中，煎至两面皮色金黄时，加料酒、白糖、笋片、香菇片、高汤烧沸，放入豆腐块，转小火，炖至熟透，用水淀粉勾芡，加盐，淋入香油即可。

晚餐 糖醋圆白菜

原料： 圆白菜 200 克，姜末、白糖、醋、盐、植物油各适量。

做法： ❶圆白菜洗净，切小片。❷油锅烧热，下姜末煸出香味，倒入圆白菜片炒至半熟。❸加白糖、醋调味，炒至食材全熟加盐即可。

早餐 牛肉蒸饺

原料： 牛肉馅 200 克，芹菜 100 克，饺子皮、盐、酱油、香油各适量。

做法： ❶牛肉馅加芹菜碎、盐、酱油、香油调味。❷将牛肉芹菜馅包入饺子皮，做成饺子。❸饺子上笼蒸熟即可。

午餐 胡萝卜炒鸡蛋

原料： 鸡蛋 2 个，胡萝卜 1 根，盐、植物油各适量。

做法： ❶胡萝卜洗净，切丝；鸡蛋打入碗中，加入适量盐，搅拌打散。❷油锅烧热，放入胡萝卜丝，炒 3~4 分钟，至胡萝卜丝变软。❸另起油锅，将鸡蛋液倒入锅中，快速划散成鸡蛋块。❹将炒好的鸡蛋块倒入盛胡萝卜的锅中，翻炒几下，调入盐，翻炒均匀。

晚餐 白灼芥蓝

原料： 芥蓝 250 克，枸杞子、蒜泥、姜丝、酱油、白糖、盐、植物油各适量。

做法： ❶芥蓝洗净；酱油、白糖、姜丝、盐加清水混合成料汁。❷芥蓝入加了植物油的沸水中焯烫，捞出过凉沥干，放入盘中。❸将蒜泥、枸杞子放在芥蓝上，料汁烧开浇在芥蓝上，植物油烧热，浇在蒜泥上即可。

孕31周 | 孕妈妈有时很健忘，胎宝宝体重增加迅速

有的孕妈妈发现，自己变得很健忘，这是正常现象，不用担心。

现在胎宝宝的肺部和消化系统已接近成熟，皮下脂肪也在不断积累，体重增加迅速。小家伙的脸已经不那么皱巴巴了。

注意事项

1 吃香蕉缓解疲劳

香蕉中的糖分可以很快转化为葡萄糖，被孕妈妈快速吸收，为孕妈妈提供能量。香蕉中的镁，能帮助孕妈妈缓解疲劳。香蕉虽好，但孕妈妈在食用的时候也要注意，香蕉性寒，脾胃虚寒的孕妈妈要慎食，以免引起腹泻。可以把香蕉切成片放进麦片粥里，也可以搭配牛奶、全麦面包一起做早餐。

2 要多吃油质鱼

孕妈妈多吃油质鱼，例如沙丁鱼、三文鱼等，能帮助胎宝宝视力全面发展。因为油质鱼类富含一种构成神经膜的要素，被称为 ω-3 脂肪酸，而 ω-3 脂肪酸含有的 DHA 与大脑内视神经的发育密切相关。

3 对胎宝宝要多听多说

胎宝宝已经具备听力水平，正在逐渐熟悉孕妈妈腹壁以外的世界。孕妈妈多听音乐的同时，也要多和胎宝宝说话，儿歌、小故事、古诗、日常情境都可以说给胎宝宝听。这个时期的语言内容，将成为胎宝宝以后的语言学习基础。

4 起床动作要缓慢

到了孕晚期，为了避免发生早产，任何过猛的动作都是不被允许的。孕妈妈起床时，如果睡姿是仰卧的，应当先将身体转向一侧，弯曲双腿的同时转动肩部和臀部，再慢慢移向床边，用双手撑在床上，双腿滑到床下，坐在床沿上，稍坐片刻以后再慢慢起身站立。此外，睡醒之后，应在床上继续躺 3~5 分钟，待脑部血液供应充足之后再起床。

5 禁止性生活

孕晚期，孕妈妈腹部明显增大，身体笨重，腰背酸痛，子宫敏感性增加，任何外来刺激或轻度冲击都可能引起子宫收缩。此外，孕晚期胎宝宝发育接近成熟，子宫下降，子宫口逐渐张开，羊水感染的可能性较大，所以不宜进行性生活。

6 不宜吃速冻食品

速冻食品方便快捷，但在营养和卫生方面，不易达到孕妈妈的饮食要求。食品速冻后，其中的脂肪会缓慢氧化，维生素也在缓慢分解。因此，速冻食品的营养价值无法和新鲜的食材相比。过多地食用此类食品，会造成孕妈妈和胎宝宝营养的缺乏。

7 不宜饭后马上吃水果

食物进入胃里需要一两个小时的时间来消化，如果饭后立即吃水果，先到达胃的食物会阻碍胃对水果的消化。水果在胃里积滞时间过长会发酵产生气体，容易引起腹胀、腹泻或便秘等症状，对孕妈妈和胎宝宝的健康不利。

推荐食材购买清单

肉类	鸡翅、鲈鱼、猪肉、鲫鱼、鸡肉、猪肝、虾仁、牛肉、牡蛎等。
蔬菜	草菇、西葫芦、茭白、扁豆、山药、茄子、西蓝花、冬瓜、菠菜、芹菜、紫菜、白萝卜、香菇、胡萝卜、黑木耳、番茄、豌豆等
水果	草莓、菠萝、苹果、芒果、猕猴桃、香蕉、火龙果等。
其他	鸡蛋、开心果、板栗、松子、玉米、海带、鹌鹑蛋、豆腐、莲子、百合、小米、绿豆、粳米、豆浆等。

早餐 山药豆浆粥

原料: 粳米 30 克,豆浆 250 克,山药 50 克,冰糖适量。

做法: ❶粳米淘洗干净;山药洗净,去皮,切丁,蒸熟。❷锅中加入粳米、白开水、豆浆煮沸,加入山药丁、冰糖,煮至粳米开花即可。

扫一扫轻松学

午餐 销魂鸡翅

原料: 鸡翅 6 个,葱、姜、蚝油、植物油各适量。

做法: ❶鸡翅洗净,划花刀,让调料更好入味;葱洗净,切少许葱花备用,其余切段。❷碗中放入鸡翅和葱段、姜片,调入蚝油,搅拌均匀,盖上保鲜膜腌制 1 小时以上。❸平底锅放少许油,放入鸡翅,小火煎至两面金黄即可。

晚餐 豌豆玉米丁

原料: 豌豆 120 克,胡萝卜 100 克,玉米粒 80 克,泡发黑木耳、盐、水淀粉、植物油各适量。

做法: ❶豌豆、玉米粒洗净;胡萝卜洗净,去皮,切丁;黑木耳切末。❷油锅烧热,加玉米粒、豌豆、胡萝卜丁、黑木耳末一同翻炒。❸加盐调味,炒至食材全熟时淋水淀粉勾薄芡即可。

早餐 煎茄子饼

原料： 茄子 200 克，面粉、盐、植物油各适量。

做法： ❶茄子洗净，切细丝，撒盐腌制 1 分钟。❷将面粉与茄子丝混合，加适量水，加盐搅匀成面糊。❸油锅烧热，把面糊在锅中摊成圆形，煎至两面金黄即可。

午餐 芹菜炒肚丝

原料： 芹菜 200 克，熟牛肚 150 克，盐、植物油各适量。

做法： ❶熟牛肚入锅过水去除咸味，切丝；芹菜洗净切段。❷牛肚丝、芹菜段入锅焯水后捞出。❸锅中倒入油烧至七成热，倒入牛肚丝、芹菜段，翻炒数下。❹调入盐，充分翻炒均匀后即可。

扫一扫 轻松学

晚餐 西蓝花鹌鹑蛋汤

原料： 西蓝花 100 克，鹌鹑蛋 4 个，番茄 1 个，香菇 2 朵，盐适量。

做法： ❶西蓝花洗净，切小朵。❷鹌鹑蛋煮熟，去壳；香菇洗净，切十字刀；番茄洗净，切块。❸锅中下入香菇、鹌鹑蛋、西蓝花、番茄块，加水同煮至熟，加盐调味即可。

孕32周 | 孕妈妈下腹坠胀，胎宝宝具备呼吸能力

由于胎宝宝在腹中的位置不断下降，孕妈妈会感到下腹坠胀，消化功能可能也变差了。

胎宝宝体重大概有 1.8 千克了，身长约 40 厘米。小家伙的各个器官继续发育、逐步完善，已经具备呼吸能力了。

注意事项

1 要多吃西蓝花

西蓝花富含维生素 C，每 100 克西蓝花中维生素 C 含量为 56 毫克，而每 100 克番茄中维生素 C 含量才 19 毫克。此外，西蓝花中含有丰富的钾、钙、铁、硒、锌等矿物质，能对胎宝宝的心脏起到很好的保护作用。

2 吃紫色蔬菜预防眼疲劳

紫色蔬菜中含有一种特别的物质——花青素。花青素除了具备很强的抗氧化、预防高血压等作用之外，还有改善视力、预防眼睛疲劳等功效。对于孕妈妈来说，花青素还是预防衰老的好帮手，其良好的抗氧化能力能帮助调节自由基。长期使用电脑或者看书多的孕妈妈更应多摄取。

3 吃煮熟的黑豆

黑豆能养血疏风，有解毒利尿、明目养精的功效。孕妈妈如果有上火、头痛、水肿、阴虚烦热等不适，都可以吃些黑豆。生黑豆中有一种抗胰蛋白酶的成分，会影响蛋白质的消化吸收，引起腹泻。但是黑豆烹制熟了以后，这种抗胰蛋白酶就会被破坏，对人体就不会有副作用了。

4 高龄孕妈妈要回家待产

高龄孕妈妈是指年龄在 35 岁以上的孕妈妈，由于身体素质降低，心理负担也会加重。所以到了孕晚期，高龄孕妈妈要提前回家待产。大部分医生认为，高龄孕妈妈从孕 32 周开始就不宜再工作。这个时候，孕妈妈的心、肺及其他重要器官必须更辛苦地工作，且对脊柱、关节和肌肉形成沉重的负担。此时，应尽可能让身体休息。

5 不宜常用猪油炒菜

猪油的饱和脂肪酸和胆固醇含量高，长期只用猪油炒菜，易导致肥胖，增加罹患高脂血症和心脑血管疾病的可能性。不过猪油炒菜比较香，容易激发食欲，我们在日常饮食中要以植物油为主，猪油偶尔用用为宜。

6 不宜带"情绪"上班

临近分娩，各种不适和对分娩的恐惧都会让孕妈妈压力很大，情绪容易波动。孕妈妈要谨记，无论工作中遇到什么问题，都要以平静的心态面对。孕妈妈不妨在孕晚期多摄取一些富含B族维生素、维生素C、镁、锌、钾的食物，如深海鱼等，通过饮食的调节来达到抗压及抗焦虑的目的。

7 不宜独自去产检

从孕晚期起，孕妈妈需要每2周做1次产检；孕36周后，产检次数则会变为1周1次。产检次数的增加、身体负重达到极限，有些孕妈妈下肢水肿的情况更加严重，给行动造成了诸多的不便。此时，准爸爸一定要陪在孕妈妈的身边，给予精神上和行动上的支持。如果自己脱不开身，也要确定有家人陪同前往。

推荐食材购买清单

肉类	牛肉、猪肉、黄花鱼、鸡肉、虾仁、虾皮、银鱼、三文鱼、排骨、鲫鱼、鳗鱼、火腿等。
蔬菜	香菇、油菜、菜花、木耳、青菜、西蓝花、菠菜、南瓜、白萝卜、莲藕、黄瓜、胡萝卜、圆白菜、扁豆、番茄、甜豆等
水果	草莓、葡萄、苹果、火龙果、橘子、猕猴桃等。
其他	海带、鸡蛋、百合、豆腐、开心果、核桃、玉米、燕麦、红豆、粳米、紫菜等。

一日三餐举例

早餐 圆白菜粥

原料： 圆白菜半棵，菠菜1棵，粳米50克，盐适量。

做法： ❶将菠菜和圆白菜洗净，切碎并焯熟。❷将粳米放入锅内，加入适量清水，大火煮至半熟，再加入菠菜碎和圆白菜碎同煮。❸当蔬菜煮烂之后放适量盐调味。

午餐 莲藕炖牛腩

原料： 牛腩100克，莲藕200克，红豆、姜片、盐各适量。

做法： ❶牛腩洗净，切块，略煮一下，取出沥干。❷莲藕洗净，切块；红豆洗净，用清水浸泡。❸将牛腩块、莲藕块、红豆、姜片放入锅中，加适量清水用大火煮沸。❹转小火慢慢煲熟，加盐调味即可。

晚餐 清蒸鳗鱼

原料： 鳗鱼200克，火腿50克，香菇4朵，盐、料酒、姜汁、醋、香油、胡椒粉、清汤各适量。

做法： ❶鳗鱼去皮、尾、内脏，洗净；香菇洗净，切片；火腿切片。❷鳗鱼用沸水焯后，将肉划开1厘米的片，但不要切断。❸鳗鱼用盐、料酒、姜汁腌制入味。❹将香菇片和火腿片加入鳗鱼片中，入蒸锅蒸10分钟。❺盐、姜汁、醋、香油调成味汁。❻清汤烧沸，加入胡椒粉，盛出浇在鳗鱼上，最后淋上味汁即可。

早餐 银鱼煎蛋饼

原料: 银鱼 100 克,鸡蛋 1 个,葱花、姜末、盐、植物油各适量。

做法: ❶鸡蛋打散。❷油锅烧热,爆香葱花、姜末,放入银鱼煸炒至银鱼变白,捞出放入打散的鸡蛋中,撒上葱花、盐搅拌均匀。❸油锅烧热,倒入鸡蛋液,凝固即可。

午餐 百合炒甜豆

原料: 甜豆 100 克,百合 1 头,盐、植物油各适量。

做法: ❶甜豆洗净,从中间斜切分两段;百合洗净,两头切刀,散成小片。❷甜豆放入沸水中氽烫 1 分钟,捞出,放入凉水中浸泡片刻。❸油锅烧热,倒入甜豆段翻炒,再放入百合片,至百合片变透明,加盐调味即可。

晚餐 紫菜虾皮豆腐汤

原料: 紫菜 1 片,豆腐 1 块,虾皮、盐、香油、植物油各适量。

做法: ❶将豆腐洗净,切小块。❷油锅烧热,放入虾皮炒香,倒入清水烧开。❸放豆腐、紫菜煮 2 分钟,加入盐和香油调味即可。

孕33周 | 孕妈妈情绪紧张，胎宝宝胎动减少

临近分娩，孕妈妈容易出现产前紧张，要注意调节好情绪。

现在，胎宝宝在孕妈妈的子宫里已经没有多少活动的空间了，胎动次数会比之前有所下降。

注意事项

1 要适当吃零食

越到孕晚期，孕妈妈越想靠吃零食来缓解内心的紧张情绪。在紧张工作或学习的间隙吃点零食，可以转移注意力，使精神得到更充分的放松。零食的选择范围很广，但对孕妈妈来说，最好避免高盐、油炸、膨化食品等，孕妈妈可选择酸奶、坚果、水果等零食来缓解紧张的情绪。

2 吃新鲜的鳝鱼

每 100 克鳝鱼肉中含蛋白质 18 克、脂肪 1.4 克、钙 42 毫克、磷 206 毫克、铁 2.5 毫克等。鳝鱼是高蛋白、低脂肪食物，能补中益气，治虚疗损。孕妈妈适量吃鳝鱼可以预防妊娠期高血压和妊娠期糖尿病。需要注意的是，不新鲜的鳝鱼会滋生大量的细菌和毒素，所以食用的鳝鱼一定要是鲜活的。

3 准备待产包

胎宝宝马上就要来了，没有准备待产包的孕妈妈和准爸爸一定要抓紧时间。如果孕妈妈不知道该准备些什么，不妨听听过来人怎么说，一般而言，衣物和配方奶粉必不可少。已经准备了待产包的孕妈妈和准爸爸也要再次检查一下。

4 申请产假并做好安排

按照国家的规定，孕妈妈产假不可少于 98 天，孕妈妈现在可以开始计划休产假了。如果孕妈妈感觉身体笨重，上班都吃力，可以和单位商量提前休产假。休产假后每天在家，孕妈妈也可以给自己找点事做，比如做点小手工，清点一下宝宝用品是否已经全部准备好。如果是二胎妈妈，还要和大宝宝多沟通，让大宝宝对即将发生的事有所了解。

5 不宜过量吃李子

李子营养丰富，具有生津止渴、清肝除热、利尿等功效。李子虽好却不可贪多。李子含大量的果酸，吃多了不仅容易引起胃病、诱发龋齿，还会生痰、助湿、伤脾胃，甚至使人发虚热、头昏脑涨。所以孕妈妈不宜过量吃李子，脾胃虚弱的孕妈妈慎吃。

6 不宜天天喝浓汤

孕晚期不宜天天喝浓汤，即脂肪含量很高的汤，如猪蹄汤、鸡汤等。因为过多的高脂食物不仅让孕妈妈身体发胖，还会增加肠胃负担。比较适宜的汤是富含蛋白质、维生素、钙、磷、铁、锌等营养素的清汤，如瘦肉汤、蔬菜汤、蛋花汤、鲜鱼汤等。而且要保证汤和肉一块吃，这样才能真正摄取到营养。

7 睡前不宜吃胀气食物

有些食物在消化过程中会产生较多的气体，从而产生腹胀感，影响孕妈妈睡眠。如蚕豆、洋葱、红薯、芋头、玉米、面包、香蕉和甜点等，孕妈妈要避免睡前吃这些食物。

推荐食材购买清单

肉类	牛肉、猪肉、鲈鱼、带鱼、黄花鱼、排骨、鸡肉、三文鱼、鳝鱼、鸭血等。
蔬菜	土豆、番茄、圆白菜、豆角、空心菜、西蓝花、白萝卜、南瓜、芦笋、香菇、胡萝卜、菠菜、茄子、莲藕、芹菜、青彩椒、黄彩椒、红彩椒、青菜、黄豆等。
水果	橙子、猕猴桃、橘子、柠檬、苹果、柚子等。
其他	玉米粒、鸡蛋、开心果、豆腐、芝麻、鹌鹑蛋、海带、葵花子、银耳、洋槐蜂蜜、通心粉、牛奶、香干等。

一日三餐举例

早餐 西蓝花牛肉意面

原料: 通心粉、西蓝花、牛肉各100克,柠檬半个,盐、橄榄油、植物油各适量。

做法: ❶西蓝花洗净,掰小朵;牛肉切碎,用盐腌制。❷油锅烧热,放入腌好的牛肉碎,翻炒至呈深褐色;另起一锅,加水烧开,放入通心粉,快煮熟时放入西蓝花,全部煮好时捞出沥干。❸煮熟的通心粉和西蓝花盛入盘中,撒上牛肉碎,淋上橄榄油,挤入适量柠檬汁即可。

午餐 南瓜土豆泥

原料: 土豆1个,南瓜50克,牛奶3勺。

做法: ❶土豆洗净,去皮,切成丁;南瓜洗净后去皮,切成丁。❷将土豆丁、南瓜丁装盘,放入锅中,加盖隔水蒸10分钟。❸取出蒸好的南瓜丁和土豆丁,倒入碗内,加入牛奶,用勺子压成泥即可。

晚餐 彩椒三文鱼串

原料: 三文鱼150克,青彩椒、黄彩椒、红彩椒各半个,柠檬汁、黑胡椒粉、洋槐蜂蜜、盐、橄榄油各适量。

做法: ❶三文鱼用凉开水冲洗干净,擦干水分,切块;彩椒洗净,切片。❷三文鱼加柠檬汁、盐、洋槐蜂蜜腌制15分钟。❸用竹签将三文鱼块和彩椒串好。❹油锅烧热,放入三文鱼串,煎至三文鱼变色,撒上黑胡椒粉即可。

早餐 香煎土豆饼

原料： 五花肉 100 克，土豆 1 个，鸡蛋 1 个，葱、盐、生抽、植物油、生粉各适量，筒状模具 1 个。

做法： ❶土豆洗净去皮切粒；葱洗净切葱花；五花肉洗净去皮剁成肉末。❷碗中倒入肉末、盐，打入鸡蛋顺时针搅拌至蛋液吸收，加生抽继续顺时针搅拌。❸肉末中倒入土豆粒和葱花，搅拌后倒入生粉，再搅拌至无干粉。❹模具入锅，加入馅料压平，成型后取出模具，小火煎至两面金黄。

扫一扫 轻松学

午餐 芹菜金钩拌香干

原料： 芹菜 200 克，香干 3 片，黄豆芽 25 克，蒜末、生抽、蚝油、白糖、白醋、香油、盐各适量。

做法： ❶芹菜择洗干净，切成段；香干洗净，切丝；黄豆芽泡发。❷香干丝及黄豆芽入沸水锅中煮 1 分钟，芹菜段焯 10 秒。❸将芹菜段、香干丝、黄豆芽入凉开水浸泡 5 分钟，捞出沥干。❹将所有食材调料均匀搅拌，装盘即可。

晚餐 莲藕蒸肉

原料： 猪瘦肉 70 克，鸡蛋清 50 克，莲藕 200 克，葱花、姜末、干淀粉、生抽、盐各适量。

做法： ❶莲藕洗净，去皮，切成厚片。❷猪瘦肉剁碎加入鸡蛋清、姜末、盐、干淀粉、生抽、水，用力搅拌均匀。❸肉馅逐一塞入莲藕的小孔中，放入盘中，入蒸锅隔水蒸 15 分钟，撒上葱花，用蒸锅热气闷至葱花出香即可。

孕34周 | 孕妈妈水肿严重，胎宝宝头入骨盆

孕妈妈的手、脚、脸肿得可能更厉害了，即使如此，也不要限制水的摄入量，多喝水反而有利于排出身体的多余水分。

此时，胎宝宝体重大约2.3千克，小家伙已转为头朝下的姿势，头部已经进入骨盆。如果胎位不正，现在就应该纠正了。

注意事项

1 定好宝宝的"出生地"

一般情况下，建议孕妈妈从产检到分娩，最好能选定同一家医院。如果孕妈妈此时才开始挑选分娩医院，就有一些要注意的事项。一般来说，车程在20分钟以内，交通良好的医院是最佳选择。医生的水平以及医院的服务如何，凭主观判断和少数几个人的评价是很难确定的。这就需要在平时多做些信息收集工作，通过网上的论坛和已经生育过的妈妈的经验进行综合评判和比较。

2 适量吃牛蒡改善便秘

牛蒡是所有根茎类食物中膳食纤维含量最多的，它的水溶性膳食纤维和不溶性膳食纤维各占一半，可以使乳酸菌更活跃，有助于改善便秘。另外，牛蒡还含有丰富的蛋白质、维生素和钙等营养物质。牛蒡凉拌、炒食或煮汤都是不错的选择。

3 常吃荞麦

荞麦中含有被称为人体第一必需氨基酸的赖氨酸，以及锌、铁、锰等矿物质，其膳食纤维的含量比一般的谷物丰富，还含有丰富的维生素E、烟酸，能够保护孕妈妈的视力和预防脑血管出血，孕妈妈可以常吃。

4 吃菠萝、樱桃缓解静脉曲张

在孕期，孕激素的分泌松弛了血管壁的肌肉而导致静脉曲张。静脉曲张表现为在接近皮肤表面的地方凸出来，有时呈蓝色或紫色，看起来弯弯曲曲的。除了经常散散步，促进血液循环之外，孕妈妈可以吃些菠萝或樱桃来缓解静脉曲张。菠萝含有促使纤维蛋白分解的因子，并能抑制血液凝集；樱桃可帮助增强人体静脉肌肉的弹性。

5 不宜自行在家矫正胎位

自行矫正胎位，这是万万不可的。虽说采取膝胸卧位法慢慢调转胎位对胎宝宝没有什么影响，但如果有脐带绕颈的情况，调转胎位会有些不利，可能会使脐带绕颈圈数增加或脐带拉紧，影响胎宝宝供血。因此，如果这个时期胎位不正，孕妈妈不要自行矫正，应在医生指导下进行。

6 不宜吃黄芪

黄芪具有益气健脾的功效，与母鸡同炖食用，有滋补益气的作用，是气虚孕妈妈很好的补品。但快要临产的孕妈妈应慎食，以避免孕晚期胎宝宝正常下降的生理规律被干扰，从而造成分娩困难。

7 不宜忌盐

孕晚期，有水肿症状的孕妈妈不宜吃含盐高的食物，但是也不宜忌盐。因为孕妈妈体内新陈代谢比较旺盛，特别是肾脏的过滤功能和排泄功能比较强，钠的流失也随之增多，容易导致孕妈妈食欲缺乏、倦怠乏力。因此，孕晚期孕妈妈摄入盐要适量，不能过多，但也不能完全限制。

推荐食材购买清单

肉类	鱿鱼、鸡肉、带鱼、排骨、猪肉、牛肉、黄花鱼、鲈鱼、鸭肉、蛤蜊、鸡腿等。
蔬菜	番茄、茼蒿、菠菜、芦笋、空心菜、南瓜、黄瓜、茄子、莲藕、牛蒡、香菇、芹菜、胡萝卜、莴笋、青菜、西蓝花、山药、土豆、菜花、香菜、金针菇、豌豆等。
水果	橙子、猕猴桃、橘子、柠檬、苹果、柚子、菠菜、樱桃等。
其他	海带、玉米、鸡蛋、榛子、开心果、黑豆、红枣、莲子、荞麦、花生、酸奶、粳米、南豆腐等。

一日三餐举例

扫一扫 轻松学

早餐 蛋包饭

原料： 鸡蛋3个，胡萝卜1根，西蓝花2个，米饭、玉米粒、豌豆粒、盐、番茄酱、植物油各适量。

做法： ❶胡萝卜切丁，同玉米粒、豌豆粒开水焯熟。❷打散2个鸡蛋入热油锅平铺，小火两面煎熟。❸另一个鸡蛋打散翻炒，倒入胡萝卜丁、玉米粒、豌豆粒、米饭与番茄酱，加盐翻炒出锅。❹平铺蛋皮舀入炒饭，取一侧蛋皮盖上，挤上番茄酱，西蓝花焯水摆盘。

午餐 菜花沙拉

原料： 菜花300克，酸奶200克，胡萝卜丁、盐各适量。

做法： ❶菜花洗净，切小块，在开水中加盐煮熟，捞出沥干，放入碗中晾凉。❷将酸奶浇在菜花上，用胡萝卜丁点缀即可。

晚餐 苹果玉米汤

原料： 苹果1个，玉米半根。

做法： ❶苹果洗净，去核，去皮，切块；玉米剥皮洗净，切成块。❷把玉米块、苹果块放入汤锅中，加适量水，大火煮开，再转小火煲40分钟即可。

早餐 西湖牛肉羹

原料： 卤牛肉 100 克，鸡蛋 1 个，南豆腐 1 块，香菇、香菜、盐、水淀粉、白胡椒粉、芝麻油各适量。

做法： ❶南豆腐、卤牛肉、香菇切丁，香菜切碎。蛋清分离出并搅拌出细泡。❷锅加适量水入各种切好的丁搅拌，烧开入盐搅拌煮沸。❸分次加水淀粉，汤煮稠后转中小火边倒边搅入蛋清成蛋花。❹撒香菜碎并搅拌，淋芝麻油。

扫一扫 轻松学

午餐 宫保鸡丁

原料： 去骨琵琶腿 2 个，花生 50 克，葱花、姜片、蒜末、干辣椒、干淀粉、醋、生抽、蚝油、白糖、植物油各适量。

做法： ❶去骨琵琶腿洗净，切成丁，用蚝油、干淀粉、姜片腌制；花生浸泡 15 分钟，剥去红衣；干辣椒去籽剪成段；蚝油、醋、白糖、干淀粉、生抽调成酱汁。❷花生凉油下锅，炸至外表焦黄，控油备用。❸油锅烧热，爆香姜片、干辣椒、蒜末，放入鸡丁、酱汁，翻炒至酱汁浓稠，倒上花生，撒葱花，翻炒均匀即可。

晚餐 金针莴笋丝

原料： 莴笋 1 根，金针菇 1 把，葱末、盐、植物油各适量。

做法： ❶金针菇洗净，切去根部；莴笋削皮，洗净，切成细丝。❷油锅烧热，爆香葱末，加入金针菇炒软，随后下入莴笋丝翻炒片刻，出锅前加盐调味即可。

孕35周 | 孕妈妈腹坠腰痛，胎宝宝肾脏工作了

随着胎宝宝增大，位置逐渐下降，孕妈妈可能会觉得腹坠腰酸，骨盆后部附近的肌肉和韧带变得麻木。

此时的胎宝宝身长43~44厘米，体重2.3~2.5千克。小家伙的两个肾脏已经发育完全，肝脏也能够代谢一些废物了。

注意事项

1 吃银耳补充胶原蛋白

除了丰富的碳水化合物和胶原蛋白，银耳的其他营养成分也相当丰富，含有17种氨基酸和钙、铁、磷、钾、镁等多种矿物质，其中钙、铁的含量很高，常吃能补充能量，满足孕妈妈的营养需求，预防贫血。

2 常吃黑枣补中益气

黑枣是精选优质红枣，经沸水烫过后，再熏焙至枣皮发黑发亮，枣肉半熟，干燥适度而成的，其功效与红枣相似而滋补作用更佳。中医认为，黑枣鲜食、煨汤、煮粥都能起到很好的补肾养胃、明目活血的功效。

3 常喝紫米粥

紫米含有孕妈妈需要的多种氨基酸，还含有丰富的铁、钙、锌、钾等矿物质和多种维生素。紫米是天然的黑色食物，与芝麻搭配，能起到健脑的作用，孕妈妈可以常喝紫米粥。

4 提前确定谁来照顾月子

孕妈妈在产后需要有人照顾，很多都是家里的长辈照顾，老人因为都是过来人，经验比较丰富，遇到一些常见情况也知道怎么处理。但老人的思想比较传统，带孩子的观念与年轻人也有很大的差异，容易引起矛盾，特别是婆媳之间。最好是由妈妈和婆婆轮流照顾，可以避免老人过度劳累，在一定程度上也能缓解婆媳关系。若家里长辈不方便帮忙，就需要找个人手了。相对于家里的老人和保姆，月嫂照顾月子会更加专业，因为月嫂经过专业的培训，且经验丰富，可以给孕妈妈提供专业的指导和建议，并能手把手地教新手爸妈如何科学护理宝宝。但是不要认为月嫂越贵就越好，月嫂的性格和敬业程度才是最重要的。在雇佣月嫂之前应该多了解她的资历和性格，以及其他客户对她的评价等。

5 不宜多吃榴莲

榴莲所含的热量及糖分较高，如果孕妈妈过多食用，极易导致血糖升高，并使胎宝宝体重过重，增加日后分娩出巨大宝宝的概率。不仅如此，榴莲食用过多还会阻塞肠道，引起便秘，加重孕妈妈负担，患有便秘和痔疮的孕妈妈更应忌食。另外，榴莲性温，多吃会上火，出现喉咙疼痛、烦躁、失眠等症状。

6 不宜多吃板栗

板栗富含蛋白质、脂肪、碳水化合物、钙、磷、铁、锌以及多种维生素，有健脾养胃、补肾强筋的作用。孕妈妈适量吃些板栗不仅可以强健身体，还有消除疲劳的作用。但是不宜一次吃太多，3~5颗即可，否则容易导致孕妈妈体内积热过多，造成便秘。

7 不宜在孕晚期大量饮水

整个孕期饮水都要适量。到了孕晚期，孕妈妈会特别口渴，这是很正常的孕晚期现象。孕妈妈要适度饮水，以口不渴为宜，不能过量喝水，特别是饭前，否则会影响进食，增加肾脏的负担。推荐每天饮水 1700~1900 毫升

推荐食材购买清单

肉类	鸡肉、鸽肉、猪肉、牛肉、鳜鱼、鲫鱼、虾仁、猪肝等。
蔬菜	番茄、西葫芦、莲藕、香菇、菜花、牛蒡、空心菜、平菇、香菇、油菜、木耳、芦笋、土豆、胡萝卜、西蓝花、红椒、竹笋、秋葵等。
水果	苹果、柠檬、猕猴桃、草莓、樱桃等。
其他	豆腐、紫米、鸡蛋、黑枣、燕麦、松子、玉米粒、红豆、黑米、银耳、面筋、挂面等。

一日三餐举例

早餐 秋葵厚蛋烧

原料: 鸡蛋2个,秋葵2根,盐、橄榄油各少许。

做法: ❶鸡蛋打散,加盐搅拌;秋葵洗净,去蒂。❷锅中倒入适量水,调入少许盐,烧开后下入秋葵焯1分钟,至秋葵变翠绿色捞出冲冷水。❸平底锅入油烧热,舀入适量蛋液,小火摊平,放入秋葵,在底部将成型未完全凝固时卷起蛋饼。❹在其上再裹一层蛋饼,出锅后切开即可。

扫一扫 轻松学

午餐 香酥鸽

原料: 鸽子1只,姜片、葱、盐、料酒、植物油各适量。

做法: ❶鸽子清理干净;葱洗净,只取葱白,切段。❷用盐揉搓鸽子表面,鸽子腹中加葱白、姜片、料酒,上笼蒸烂,拣去姜片、葱白。❸油锅烧热,放入鸽子炸至表皮酥脆,捞出切块,装盘即可。

晚餐 香菇炖面筋

原料: 香菇80克,面筋100克,酱油、盐、葱花、植物油各适量。

做法: ❶香菇洗净,去蒂,切块;面筋洗净,切块。❷油锅烧热,下香菇块炒出香味,再加入面筋块、适量水,大火煮开后改小火炖煮。❸加酱油,炖至香菇和面筋烂熟时加盐,撒上葱花,搅拌均匀。

早餐 双色菜花

原料： 菜花、西蓝花各 100 克，蒜蓉、盐、水淀粉、植物油各适量。

做法： ❶将菜花洗净，切小块；西蓝花洗净，切小块。❷将菜花块与西蓝花块在开水中焯一下，捞出。❸油锅烧热，加入菜花块与西蓝花块翻炒，加蒜蓉、盐调味，用水淀粉勾薄芡即可。

午餐 牛肉卤面

原料： 挂面 100 克，牛肉 50 克，胡萝卜半根，红椒 1 个，竹笋 1 根，酱油、水淀粉、盐、香油、植物油各适量。

做法： ❶将牛肉、胡萝卜、红椒、竹笋分别洗净，切小丁。❷挂面煮熟，过水后盛入汤碗中。❸油锅烧热，放牛肉丁煸炒，再放胡萝卜丁、红椒丁、竹笋丁翻炒至熟，加入酱油、盐、水淀粉，浇在面条上，最后再淋几滴香油即可。

晚餐 美味鸡丝

原料： 鸡肉 150 克，料酒、胡椒粉、番茄酱、盐、橄榄油各适量。

做法： ❶鸡肉洗净，切块，放入加料酒的沸水锅中焯熟，沥干，撕成丝，加入胡椒粉、番茄酱、橄榄油搅拌均匀。❷锅烧热，翻炒鸡丝，加盐调味即可。

孕36周 | 孕妈妈临近分娩，胎宝宝可以呼吸了

日益临近的分娩会使孕妈妈紧张，此时要多和准爸爸聊聊天，缓解自己内心的压力。

胎宝宝的身长达 45~46 厘米，体重约 2.6 千克，而且还在继续增长，肺部已经完全发育成熟，可以依靠自身的力量呼吸了。

注意事项

1 留出备用钥匙

为预防提前分娩或者出现一些特殊情况需要马上住院，孕妈妈可以把家里的备用钥匙交给至少一位家人或好朋友，以防你需要家里的东西，但又不能亲自回家取。

2 要吃抗氧化性强的食物

红色、黄色、绿色等新鲜蔬菜水果，如番茄、草莓、玉米、胡萝卜、南瓜等，都有很强的抗氧化能力，可以提高孕妈妈的免疫力。而菌藻类食品，如香菇、紫菜、木耳等，富含天然的抗氧化成分，孕妈妈可以变着花样吃。

3 补充维生素 K

维生素 K 有着"止血功臣"的美称，孕晚期适当补充维生素 K，有促进血液正常凝固、防止新生儿出血等作用。在预产期前一个月左右，孕妈妈就要特别注意对维生素 K 的摄入，多吃富含维生素 K 的食物，如菜花、

西蓝花、菠菜、莴笋、甘蓝、牛肝、乳酪、猕猴桃和谷类食物。必要时，孕妈妈可以在医生的指导下每天口服维生素 K，以预防产后出血和增加母乳中维生素 K 的含量。

4 适量吃无花果

无花果富含多种氨基酸、有机酸、镁、锰、铜、锌以及多种维生素，它不仅是营养价值很高的水果，也是一味良药。无花果具有清热解毒、止泻通乳的功效，尤其对痔疮便血、脾虚腹泻、咽喉疼痛、乳汁不足等症状疗效显著，因此孕妈妈宜适量吃无花果。

5 不宜择日提前分娩

有些孕妈妈本来可以顺产的，但为了让宝宝在"良辰吉日"出生，或为了宝宝早点入学，而选择剖宫产。这不仅不利于孕妈妈的身体恢复，对胎宝宝也没有好处。提前剖宫产易引起呼吸窘迫症、肺炎等早产并发症，宝宝长大后也易形成多动症和精力不集中等不良习惯。

6 不宜进食过饱

为避免胃灼热，孕妈妈进食切勿过饱，以免使胃内压力升高，横膈上抬，每餐七分饱即可。在吃饭时，要放慢速度，细嚼慢咽。在饮食方面，除了不吃辛辣食物，也不要吃过冷或过热的食物，因为它们会刺激食道黏膜。

7 不宜多吃冷凉食物

孕晚期，孕妈妈容易感觉身体发热、胸口发慌，特别想吃点凉的东西。由于怀孕后孕妈妈的胃肠功能减弱，吃进很多冷食物，会使得胃肠血管突然收缩；而胎宝宝的感官知觉已非常灵敏，对冷刺激也十分敏感，所以多吃过冷食物对胎宝宝不利。此外，孕妈妈的体质本来就比较脆弱，吃过冷的食物，对内脏刺激较大，如果腹泻，势必会影响胎宝宝的健康。孕妈妈应尝试着平复心情，相信心静自然凉。

推荐食材购买清单

肉类	牛肉、带鱼、猪肉、黄花鱼、虾皮、鸡肉、鸭肉、排骨、猪肝等。
蔬菜	香菇、青菜、紫菜、圆白菜、番茄、菜花、西蓝花、南瓜、豆角、莲藕、茭白、芹菜、茄子、土豆、黄瓜、韭菜等。
水果	苹果、樱桃、草莓、菠萝、猕猴桃、橘子等。
其他	百合、鸡蛋、豆腐、银耳、面筋、芝麻、核桃、榛子、开心果、小米、粳米、红枣等。

一日三餐举例

早餐 炒小米

原料： 小米 100 克，韭菜 1 小把，鸡蛋 1 个，盐、植物油各适量。

做法： ❶锅内放水烧开，放入洗净的小米煮熟，捞出沥干；韭菜洗净，切段；鸡蛋打散。❷油锅烧热，倒入蛋液，待蛋液稍稍凝固，用筷子划散成小块；再倒入韭菜段，翻炒至八成熟。❸另起油锅，放入小米翻炒，放入韭菜和鸡蛋，加盐调味，翻炒均匀即可。

午餐 香菇青菜

原料： 香菇 30 克，青菜 200 克，盐、白糖、植物油各适量。

做法： ❶香菇洗净，切丁；青菜洗净，切段。❷油锅烧热，倒入青菜段翻炒，放入香菇丁继续翻炒。❸加入适量盐与白糖，再倒入一点水，烧至食材全熟即可。

扫一扫 轻松学

晚餐 糖醋带鱼

原料： 带鱼 2 条，姜、料酒、生抽、香醋、白糖、盐、玉米淀粉、植物油各适量，葱花、水淀粉各少许。

做法： ❶带鱼处理好后切约 5 厘米的段，调入盐和料酒抓匀腌制 20 分钟，擦干裹玉米淀粉抓匀抖净；姜洗净，切丝。❷油用中火烧至七成热时下带鱼，炸至金黄捞出沥油。❸留底油，姜丝放入爆香，倒入适量开水后加入生抽、香醋、白糖烧开，下带鱼略翻，转中小火炖 5 分钟。❹水淀粉勾芡，大火收汁，汤煮稠后撒少许葱花即可。

早餐 南瓜红枣粥

原料： 南瓜 50 克，粳米 50 克，红枣 5 颗。

做法： ❶南瓜去皮去子，洗净，切丁；红枣洗净；粳米淘洗干净。❷锅中放入粳米、南瓜丁、红枣，加适量水煮熟即可。

午餐 蒜香烧豆腐

原料： 猪肉末 50 克，南豆腐 200 克，蒜末、葱段、高汤、生抽、水淀粉、盐、植物油各适量。

做法： ❶南豆腐切片，入盐水锅中焯烫 1 分钟，捞出备用；盐、生抽、水淀粉调成芡汁。❷热锅凉油，中火翻炒猪肉末至变色，放入葱段翻炒至出香，放入南豆腐片，小心翻炒。❸加入高汤，大火煮沸后改小火炖煮 5 分钟，大火收汤，倒入芡汁翻炒均匀，撒上蒜末翻炒出蒜香味即可。

晚餐 香菇炖鸡

原料： 香菇 30 克，鸡 1 只，盐、葱段、姜片、料酒各适量。

做法： ❶香菇用温水泡开；鸡去内脏洗净，放入沸水中焯烫。❷锅内放入清水和鸡，用大火烧开，撇去浮沫，加入料酒、盐、葱段、姜片、香菇，用中火炖至鸡肉熟烂即可。

孕37周 | 孕妈妈宫缩频率增加，胎宝宝器官发育成熟

因胎宝宝增大，羊水相对变少，孕妈妈腹壁紧绷而发硬，会时常出现无规律的宫缩。

小家伙的所有器官都已经发育成熟，正在肚子里继续长肉，体重只要超过 2.5 千克就属于正常。

注意事项

1 要少食多餐

怀孕的最后 1 个月，孕妈妈的胃肠很容易受到压迫，从而引起便秘或腹泻，导致营养吸收不良或者营养流失，所以，一定要增加进餐的次数，每次少吃一些，而且应吃一些口味清淡的食物。

2 吃莲藕缓解便秘

莲藕中含有丰富的维生素、蛋白质、铁、钙、磷等营养素。用莲藕与排骨搭配煮汤，味道香浓，还可以为孕妈妈补充丰富的营养素。而且莲藕中含有丰富的膳食纤维，可以缓解孕晚期孕妈妈的便秘症状。

3 温水冲饮蜂蜜

蜂蜜是天然的大脑滋补剂，含有丰富的锌、镁等多种矿物质和维生素，能促进大脑神经元发育，是益脑增智的营养佳品，因此孕妈妈适量食用蜂蜜，对胎宝宝大脑的生长发育是有益的。孕晚期适当吃蜂蜜，还可以缓解孕妈妈的便秘症状，但不宜吃太多，以免引起腹泻。此外，孕妈妈在产前喝蜂蜜水，可以补充能量和体力，有助于分娩。一般每天用 2~4 勺蜂蜜冲水饮用即可，水温不宜超过 60℃。需要注意的是，孕妈妈应避免食用蜂王浆。

4 选择合适的分娩方式

对女性来说，分娩虽然是自然生理过程，可它却是一件重大的应激事件，相比于二胎妈妈，头胎妈妈则更容易出现复杂的心理变化。而详细了解分娩知识，熟悉分娩过程，能让孕妈妈做到心中有数，平复因分娩产生的焦虑、担心等情绪。分娩方式的选择往往是医生根据孕妈妈的身体状况、胎宝宝在子宫内情况以及孕妈妈的意愿来决定的。分娩方式可以分为顺产、剖宫产、水中分娩、无痛分娩 4 种，不同的分娩方式适合不同情况的孕妈妈。

5 不宜吃过夜的银耳汤

银耳营养丰富，且其所含的维生素 D 可促进钙的吸收，还可以减轻分娩时的痛感，是孕晚期滋补品首选。但银耳汤不宜久放，特别是过夜之后，营养成分会减少并产生有害物质。因此，银耳汤煮好后，孕妈妈要及时吃。

6 待产期间不宜暴饮暴食

分娩过程一般要经历 12~18 小时，体力消耗大，所以待产期间必须注意饮食。有些孕妈妈在待产期间暴饮暴食，过量补充营养，为分娩做体能准备。其实不加节制地摄取高营养、高热量的食物，不仅会加重肠胃的负担，造成腹胀，还会使胎儿过大，在生产时往往造成难产、产伤。其实，这个时候的饮食只要富有营养、易消化、口味清淡即可。

7 低血压孕妈妈不宜选择无痛分娩

无痛分娩其实是自然分娩的一种方式，是指在自然分娩的过程中，对孕妈妈施以药物麻醉，使其感觉不到太多疼痛，胎宝宝从产道自然娩出。无痛分娩时，麻醉了孕妈妈的疼痛感觉神经，但运动神经和其他神经都没有被麻痹，仅仅靠胎宝宝自己的力量是很难完成娩出的，所以孕妈妈自己也要用力。不过，采用无痛分娩时，极少数的孕妈妈可能会出现低血压、头痛、恶心等并发症，所以，本身就有低血压症状的孕妈妈不宜选择无痛分娩。

推荐食材购买清单

肉类	带鱼、猪肉、鲈鱼、蛤蜊、鱿鱼、虾仁、黄花鱼、鸡肉、牛肉等。
蔬菜	茄子、番茄、白菜、胡萝卜、香菇、白萝卜、娃娃菜、南瓜、芥蓝、春笋、土豆、冬瓜、莴笋、莲藕、西蓝花、菜花、扁豆、芹菜、红彩椒等。
水果	菠萝、草莓、猕猴桃、苹果、木瓜、雪梨、橘子、樱桃等。
其他	蜂蜜、豌豆、鸡蛋、腰果、燕麦片、开心果、面筋、豆腐、榛子、银耳、核桃、莲子、红枣、绿豆、粳米等。

一日三餐举例

早餐 枣莲三宝粥

原料: 绿豆 20 克,粳米 50 克,莲子、红枣各 5 颗,红糖适量。

做法: ❶绿豆、粳米淘洗干净;莲子、红枣洗净。❷将绿豆和莲子放在带盖的容器内,加入适量开水闷泡 1 小时。❸将泡好的绿豆、莲子放锅中,加适量水烧开,再加入红枣和粳米,用小火煮至豆烂粥稠,加适量红糖调味即可。

午餐 麦香鸡丁

原料: 鸡肉 100 克,燕麦片 50 克,盐、水淀粉、植物油各适量。

做法: ❶鸡肉用温水洗净,切丁,用盐、水淀粉上浆。❷油锅烧四成热,放入鸡丁滑油捞出;烧六成热,倒入燕麦片,炸至金黄色,捞出沥油。❸油锅留底油,倒入鸡丁、燕麦片翻炒,加入盐调味即可。

晚餐 芹菜腰果炒香菇

原料: 芹菜 200 克,腰果 50 克,香菇、红彩椒、蒜片、盐、白糖、水淀粉、植物油各适量。

做法: ❶芹菜去叶,洗净,切片;红彩椒洗净,切条;香菇去蒂,切片;腰果洗净,沥干。❷锅中入清水煮沸,芹菜片、香菇片焯水,捞出沥干。❸油锅加热,下腰果翻炒炸熟,捞出沥干。❹油锅加热,爆香蒜片,放入芹菜片、腰果、红彩椒条、香菇片翻炒均匀,加入盐、白糖调味,用水淀粉勾芡即可。

早餐 蛤蜊蒸蛋

原料： 鸡蛋1个，蛤蜊50克，料酒、盐、香油各适量。

做法： ❶蛤蜊提前一晚放淡盐水中吐沙。❷蛤蜊清洗干净，入锅中，加水和料酒炖煮至开口，捞出蛤蜊，蛤蜊汤备用。❸鸡蛋加适量蛤蜊汤、盐打均匀，淋入香油，加入开口蛤蜊，盖上保鲜膜，上凉水蒸锅大火蒸10分钟即可。

午餐 三鲜炒春笋

原料： 春笋200克，香菇、鱿鱼、虾仁各50克，葱花、蒜末、盐、水淀粉、植物油各适量。

做法： ❶香菇去蒂，洗净，切丁；春笋剥壳，削皮，去老根，洗净切片；鱿鱼洗净，去筋膜，切片；虾仁洗净，去虾线。❷锅内加清水煮沸，将鱿鱼片、虾仁焯熟，沥水备用。❸油锅烧热，爆香葱花、蒜末，放入春笋片、香菇丁、鱿鱼片、虾仁翻炒，加盐调味，用水淀粉勾芡，翻炒均匀即可。

晚餐 盐煎扁豆

原料： 扁豆250克，葱花、姜末、盐、料酒、高汤、植物油各适量。

做法： ❶扁豆撕去筋，洗净，切菱形状。❷油锅烧热，加扁豆翻炒至断生，盛出，沥干油。❸油锅烧热，爆香葱花、姜末，扁豆回锅，加盐、料酒、高汤，大火快炒至高汤收汁，装盘即可。

孕38~40周 | 孕妈妈有点紧张，胎宝宝皮肤光滑

👶 分娩期临近，孕妈妈可能会产生紧张的情绪。孕妈妈要适当活动，充分休息，密切关注自己的身体变化。

🐣 胎宝宝现在看起来像个新生儿了。之前覆盖在胎宝宝身上的绒毛和胎脂已经脱落、消失了，胎宝宝的皮肤很光滑。

注意事项

1 多吃稳定情绪的食物

此时，孕妈妈既有"即将与宝宝见面"的喜悦，又有面对分娩的紧张不安。富含叶酸、维生素B_2、维生素K的圆白菜、胡萝卜等，是稳定情绪的有益食物。此时孕妈妈也可以摄入一些谷类食物，这些食物中的维生素可以促进孕妈妈产后乳汁的分泌，有助于提高宝宝对外界的适应能力。

2 多饮用牛奶

牛奶中含有两种催眠物质：一种是色氨酸，另一种是对生理功能具有调节作用的肽类。肽类的镇痛作用，会让人感到全身舒适，有利于解除疲劳并入睡。对于待产前紧张而导致神经衰弱的孕妈妈，牛奶的安眠作用更为明显。当然，牛奶也是蛋白质和钙的极好来源，可以很好地满足孕期最后阶段孕妈妈和胎宝宝大量的营养需求。

3 控制活动强度和时间

孕妈妈逐渐接近临产期，这段时间可以散散步，做些辅助自然分娩的舒展活动，准爸爸或其他家人一定要陪同左右。在活动时，控制活动强度很重要，脉搏绝对不要超过140次/分钟，体温不要超过38℃，时间以30分钟以内为宜。千万不要久站、久坐或者长时间走路，一切量力而行。

4 准爸爸要"随时待命"

由于孕妈妈随时都有生产的可能，准爸爸要做好一切准备，包括将待产包放好，以便随时可以出发。分娩医院的联系电话、乘车路线和孕期所有检查记录要记得携带，当孕妈妈发生临产征兆，准爸爸要迅速行动。为防止孕妈妈在家中无人时突然发生阵痛或破水，最好给妻子预留出租车的电话号码或住在附近的亲朋好友的电话，必要时协助送进医院。

5 待产期间少看电视

孕晚期，孕妈妈本身就容易疲劳，而过度用眼会增加这种疲劳感。此外，孕期激素水平异常，孕妈妈情绪容易出现波动，长时间看电视，使孕妈妈更容易跟着剧情产生情绪波动，也不利于健康。而且，总是坐在电脑前或电视机前不运动也会增加孕妈妈分娩时的困难。

6 不宜每天吃海带

海带属于海藻类健康食品，富含矿物质、可溶性膳食纤维和碘，是孕妈妈应该经常选用的食物，但并不建议每天都吃海带或一次吃太多。过量吃海带首先会因为膳食纤维太多而导致胃部不适，另外，碘摄入太多也有可能引发孕妈妈甲状腺功能异常。

7 剖宫产前不宜吃鱿鱼

如果孕妈妈有计划实施剖宫产，手术前要做一系列检查，以确定孕妈妈和胎宝宝的健康状况。因为鱿鱼体内含有丰富的有机酸物质，能抑制血小板凝集，不利于手术后止血与创口愈合，所以，剖宫产前不宜吃鱿鱼。

推荐食材购买清单

肉类	鲈鱼、羊肉、牛肉、虾仁、猪肉、三文鱼、鸡肉、鸭肉、火腿等。
蔬菜	菠菜、山药、胡萝卜、番茄、土豆、茄子、丝瓜、西蓝花、西葫芦、豇豆、冬笋、彩椒、甜豆、芦笋等。
水果	苹果、橙子、香蕉、柠檬、火龙果、猕猴桃等。
其他	海带、鸡蛋、核桃、松子、开心果、南豆腐、黄豆、青豆、红豆、玉米、豌豆、银耳、面粉、玉米楂等。

一日三餐举例

早餐 火腿蛋卷

原料： 火腿 50 克，鸡蛋 1 个，面粉 150 克，盐、植物油各适量。

做法： ❶火腿切丁，同鸡蛋、面粉、盐搅拌均匀。❷油锅加热，将鸡蛋液摊成饼。❸卷成卷，切段即可。

午餐 虾仁豆腐羹

原料： 虾仁 50 克，青豆 30 克，南豆腐 1 块，胡萝卜、葱花、姜末、料酒、鸡汤、盐、水淀粉、香油、植物油各适量。

做法： ❶胡萝卜去皮，洗净，切丁；虾仁洗净，去虾线；南豆腐切丁。❷油锅烧热，爆香葱花、姜末，放入胡萝卜丁、虾仁、青豆翻炒，加料酒、鸡汤、盐调味。❸放入南豆腐丁，小心翻动，大火收汤，加水淀粉勾芡，淋上香油即可。

晚餐 彩椒牛肉粒

原料： 牛肉 100 克，冬笋 50 克，彩椒 100 克，葱末、料酒、酱油、干淀粉、蚝油、盐、植物油各适量。

做法： ❶牛肉洗净，擦干切丁，入料酒、酱油、干淀粉腌制 30 分钟；冬笋洗净，切丁；彩椒洗净，切条。❷油锅烧热，爆香葱末，放入牛肉丁，翻炒至变色，加入冬笋丁翻炒 3 分钟，加彩椒条、蚝油翻炒均匀，加盐调味即可。

早餐 玉米红豆粥

原料： 红豆、粳米各 20 克，玉米糁 40 克。

做法： ❶粳米、玉米糁洗净，分别浸泡 30 分钟。❷红豆洗净，提前一晚浸泡，上蒸锅蒸熟。❸锅中放入玉米糁和适量水，大火烧沸后改小火，放入粳米熬煮。❹待粥煮熟时，放入红豆再煮 5 分钟即可。

午餐 番茄牛腩煲

原料： 牛腩 300 克，番茄 3 个，葱、姜、蒜、老抽、料酒、盐、白糖、生抽各适量。

做法： ❶牛腩、番茄洗净，切块；葱、姜等洗净，切好备用。❷牛腩块加料酒入沸水汆烫，去血水后捞出冲净。另起油锅，下入葱段、姜片、蒜瓣爆香，加入牛腩块，煸炒片刻，调入老抽和生抽，倒入没过牛腩块的清水炖煮约 40 分钟，至牛腩上色后捞出。❸另取锅，将番茄块翻炒至出汁，倒入牛腩块及半碗清水，调入白糖和盐炖煮约 30 分钟，煮至牛腩熟烂即可。

扫一扫 轻松学

晚餐 薯角拌甜豆

原料： 土豆 200 克，甜豆 100 克，芦笋 3 根，蒜末、盐、醋、白糖、橄榄油各适量。

做法： ❶土豆洗净，切成小块放入碗中，加盐、橄榄油，放入预热到 200℃的烤箱中层，烤 30~40 分钟。❷甜豆洗净，焯熟；芦笋洗净，切段，焯熟；蒜末、盐、醋、白糖和橄榄油混合搅拌，制成调料汁。❸土豆块、甜豆和芦笋段放入盘中，淋上调料汁即可。

图书在版编目（CIP）数据

怀孕每周吃什么 / 左小霞编著 . — 南京：江苏凤凰科学技术出版社，2019.10（2024.08重印）
（汉竹·亲亲乐读系列）
ISBN 978-7-5537-3582-5

Ⅰ.①怀… Ⅱ.①左… Ⅲ.①孕妇 – 妇幼保健 – 食谱 Ⅳ.① TS972.164

中国版本图书馆 CIP 数据核字（2019）第 177249 号

中国健康生活图书实力品牌
版权归属凤凰汉竹，侵权必究

怀孕每周吃什么

编 著	左小霞	
主 编	汉 竹	
责任编辑	刘玉锋	阮瑞雪
特邀编辑	陈 岑	
责任校对	仲 敏	
责任监制	刘文洋	

出版发行	江苏凤凰科学技术出版社
出版社地址	南京市湖南路 1 号 A 楼，邮编：210009
出版社网址	http://www.pspress.cn
印 刷	南京新世纪联盟印务有限公司

开 本	720 mm × 1 000 mm　1/16
印 张	9
字 数	150 000
版 次	2019 年 10 月第 1 版
印 次	2024 年 8 月第 31 次印刷

标 准 书 号	ISBN 978-7-5537-3582-5
定 价	22.80元

图书如有印装质量问题，可向我社印务部调换。